はじめての
パソコン農業簿記

改訂第9版

都道府県農業委員会ネットワーク機構
都道府県農業会議

全国農業委員会ネットワーク機構
全国農業会議所

はじめに

　パソコンによる簿記記帳も本格的に始まってすでに30年以上になり、すでに多くの農家の皆さんが日常業務の一つとしてパソコンを利用した簿記記帳に取り組んでいます。

　簿記記帳を行う目的の一つは、事業を営んでいることによる税務申告にあります。パソコン簿記が始まった当初は、複式簿記であるパソコン簿記を行っても、手間をかけずにきちんと記録が行え、決算書が作成できるだけで、青色申告であることによる基本的な税務上のメリットしかありませんでした。しかし、平成5年からは、青色申告を選択し、複式で損益計算書と貸借対照表を作成すると、青色申告特別控除が増えることにより（現在は55万円　電子申告することで65万円）大きなメリットが得られるようになっています。こうしたメリットがパソコン簿記の普及の大きな力となっています。

　パソコン簿記を行うメリットは、こうした直接的なメリットだけでなく、本来のメリットは、経営の現状を正確に知ることができるところにあります。損益計算書と貸借対照表は、1年間にわたる経営の通信簿でもあり、来年度以降の将来の経営を考えていく基礎情報ともなるものです。

　確かに、経営結果は毎年違ってきます。気候変動の大きい現在、作物の生育も当初思っていたようには生育をしてくれない場合もたびたびです。また、経済のグローバル化に伴い、輸入農作物との価格競争や大型小売店主導による価格形成など厳しい経営になっています。こうした中で、作型の変更や作物・品種の変更、また販売方法の変更により、変化に対応しようと考える農家の皆さんが少なくないのですが、その時、その時の対処ではなかなか思ったような結果が得られないのが現状のようです。

　パソコン簿記による損益計算書や貸借対照表、また可能であれば作業時間の記録など（物的記録）を合わせて経営の現状を分析してみると、経営の問題点や特徴などが分かってきます。こうした分析を通じて得られた経営の弱点を解決する経営の変更を行っていくことが大事ではないかと思っています。数年でははっきりした違いは出づらいかも知れませんが、長く続けていると、その時その時の対処とは違った結果がもたらされるものと思われます。

　こうした、経営の継続性を支える基礎となるものが簿記記帳の結果といえます。そういう意味でますます大事になっているのが簿記記帳です。

　本書では、複式簿記の基礎からパソコン簿記まで、個人でも学べるように編集を行いました。ぜひ、本書を活用し、経営の未来を作る一助にしていただければと願っています。

農業情報化コンサルタント　農学博士　滝岸　誠一

　農業委員会組織はこれまで、複式簿記や青色申告、家族経営協定の普及・定着などを通じて、農業経営者の経営管理能力の向上や農業経営の法人化に向けた相談活動・研修会など、経営改善の支援に取り組んでいます。

　本書は、神奈川県を中心に簿記講習会の講師をされている農業情報化コンサルタント・滝岸誠一氏に著述の労を賜ったもので、パソコンでの簿記の記帳を考えている農業経営者や都道府県農業会議などが開催しているパソコン簿記講習会のテキストとして活用できる一冊です。

　手書きの複式簿記に比べパソコン農業簿記は、日付、摘要、金額、相手勘定科目を一度入力するだけで、元帳への転記から試算表、決算書、青色申告書まで自動でできる利便性があります。しかし、決算書がいくらきれいに作成できたとしても、数字が読めなければ何の意味もありません。簿記は、税務申告のためだけに行うのではなく、記帳の結果から得られる貸借対照表や損益計算書などの財務諸表により自己の経営を分析・把握して、その問題点や発展のカギを見つけることが第一の目的だからです。

　したがって、簿記講習会では簿記の原理原則をしっかり理解した上でパソコン簿記講習を行うというスタンスを取っています。本書でも、前半は複式簿記の原理原則を、後半はパソコンでの簿記記帳を学ぶ構成になっています。

　本書が、認定農業者をはじめ多くの農業者の実務手引書として活用されることを願ってやみません。

　末尾になりますが、本書に体験版ソフトと多くの画像データをご提供いただき、わかりやすく充実した内容になるようご協力いただきましたソリマチ株式会社様にお礼を申し上げます。

都道府県農業委員会ネットワーク機構
都 道 府 県 農 業 会 議
全国農業委員会ネットワーク機構
全 国 農 業 会 議 所

Contents

第1章 複式簿記記帳を行うことは

- 1－1 複式簿記記帳に挑戦 -- 6
- 1－2 貸借対照表プラスで65万円控除 -- 7
- 1－3 複式簿記をパソコンで --- 8
- 1－4 本書の説明順序と利用法 --- 9

第2章 複式簿記の基本

- 2－1 取引とは --- 12
- 2－2 複式での取引記帳 --- 13
- 2－3 勘定科目とは --- 14
- 2－4 勘定科目（資産・負債・資本） --------------------------------------- 16
- 2－5 勘定科目（売上・経費） --- 17
- 2－6 勘定科目（営業外損益） --- 18
- 2－7 仕訳（伝票に勘定科目で記入） ------------------------------------- 19
- 2－8 財産調べ（期首残高） --- 20
- 2－9 複式簿記記帳の原理1 --- 22
- 2－10 元帳を作成する1 --- 24
- 2－11 元帳を作成する2 --- 26
- 2－12 試算表を作成する --- 28
- 2－13 複式簿記記帳の原理2 --- 30
- 2－14 精算表を作成する --- 32
- 2－15 貸借対照表と損益計算書 --- 33
- 2－16 基本的な流れは以上です --- 34

第3章 伝票による複式簿記の演習

- 3－1 現金で購入した場合 --- 36
- 3－2 現金が入ってきた場合 --- 37
- 3－3 預金から出金した場合 --- 38
- 3－4 預金に入金した場合 --- 39
- 3－5 仕事のお金を家庭に（家庭へ） ------------------------------------- 40
- 3－6 家庭のお金を仕事へ（家庭から） ----------------------------------- 42
- 3－7 売掛取引（すぐに入金しない取引） --------------------------------- 44
- 3－8 買掛取引（すぐに出金しない取引） --------------------------------- 46
- 3－9 借入と返済 --- 48
- 3－10 専従者給与の支払（源泉税） --------------------------------------- 49
- 3－11 10万円以上の資材等を購入した場合 ------------------------------- 50
- 3－12 決算修正（減価償却） --- 52
- 3－13 決算修正（資材の棚卸） --- 54
- 3－14 決算修正（農産物の棚卸） --- 56
- 3－15 決算修正（家計費のあん分） --------------------------------------- 58
- 3－16 決算修正（家事消費） --- 59
- 3－17 決算修正（育成資産の振替） --------------------------------------- 60
- 3－18 決算修正（保険積立金） --- 61
- 3－19 元帳への転記 --- 62
- 3－20 試算表の作成 --- 64
- 3－21 精算表の作成 --- 65

第4章 パソコン複式簿記の基本

- 4－1 ソフトとハード --- 68
- 4－2 パソコンに電源を入れる --- 69
- 4－3 フォルダーについて --- 70
- 4－4 ウィンドウズ（Windows）の共通部品 ------------------------------- 71
- 4－5 キーボードの操作 --- 72
- 4－6 マウスの操作 --- 73
- 4－7 日本語の入力 --- 74
- 4－8 簿記ソフトを起動 --- 76
- 4－9 終了時には忘れずにバックアップ ----------------------------------- 77
- 4－10 簿記ソフトの画面 --- 78
- 4－11 簿記ソフトのメニュー画面 --- 79
- 4－12 メニューと機能 データ管理と初期 --------------------------------- 80
- 4－13 メニューと機能 日常と決算 --- 81
- 4－14 メニューと機能 申告と繰越処理 ----------------------------------- 82
- 4－15 メニューと機能 資産台帳、集計分析、利用設定 --------------- 83
- 4－16 パソコン簿記の流れ --- 84
- 4－17 入力を始める前に データの選択について --------------------------- 85

| 4－18 | 入力を始める前に　データバックアップの方法 | 86 |
| 4－19 | 入力を始める前に　データリストアの方法 | 87 |

第5章　パソコン複式簿記の演習1（毎日の入力）

5－1	データ（帳面）の選択	90
5－2	基本情報の設定	91
5－3	部門の設定	92
5－4	青色申告科目の設定	93
5－5	勘定科目の設定　追加・削除と青申科目対応	94
5－6	勘定科目の設定　補助科目の設定	95
5－7	勘定科目の設定　期首残高の入力	96
5－8	仕訳辞書の確認	97
5－9	備考文の確認	98
5－10	入力中の摘要文・備考文登録	99
5－11	入力の練習1　簡易振替伝票入力	100
5－12	入力の練習2　振替伝票入力	102
5－13	入力の練習3　出納帳入力	104
5－14	入力の練習4　らくらく仕訳入力	106
5－15	入力の練習5　元帳と試算表の確認	107
5－16	入力の練習6　仕訳日記帳の確認	108
5－17	入力の練習7　農業日記入力	109
5－18	入力の練習8　決算書を作る	110
5－19	入力の練習9　経営基盤強化準備金明細書	111
5－20	現金の入・出金の演習	112
5－21	預金の入・出金の演習	114
5－22	事業主貸（家庭へ←仕事から）の演習	116
5－23	事業主借（仕事へ←家庭から）の演習	117
5－24	売掛処理（売り立て書）の演習	118
5－25	共販の精算と酪農の売掛	120
5－26	買掛処理（請求明細）の演習	121
5－27	借入と返済の演習	122
5－28	専従者給与の演習	124
5－29	10万円以上の資材を購入	125
5－30	減価償却資産に登録	126
5－31	減価償却資産のその他機能	128

第6章　パソコン複式簿記の演習2（決算修正の入力）

6－1	決算修正の取引　決算修正の内容	130
6－2	決算修正の取引　日常の入力内容を確認	131
6－3	決算修正の取引　減価償却費の計上	132
6－4	決算修正の取引　農産物・資材の棚卸（簡易）	133
6－5	決算修正の取引　農産物の棚卸を計上（詳細）	134
6－6	決算修正の取引　資材の棚卸を計上（詳細）	135
6－7	決算修正の取引　家計費分のあん分	136
6－8	決算修正の取引　家事消費分を計上	137
6－9	決算修正の取引　育成資産分を計上	138
6－10	決算修正の取引　共済積立金分の振替	140
6－11	決算書作成へ　共通部門の部門割合設定	141
6－12	決算書作成へ　決算書を印刷1	142
6－13	決算書作成へ　決算書を印刷2	143
6－14	決算修正の取引　消費税の設定と申告書の作成	145
6－15	インボイス制度の概要	150
6－16	売り手側と買い手側での処理方法	151
6－17	インボイス制度の特例	156
6－18	電子申告をしてみよう	159
6－19	自分の取引を入力しよう	161

Appendix　体験版の使い方およびローマ字表など（不動産の設定と入力）

ソリマチ農業簿記12体験版と全国農業会議所版データシートセットアップ	164
不動産入力のための設定と入力方法	167
本書の使い方と研修会の開催日程例	172
入力用ローマ字表	173

第1章

複式簿記記帳を行うことは

なぜ、複式簿記記帳を学習するのでしょうか。複式簿記記帳を行うとその年の売上集計と経費の集計（損益計算書　P/L）から利益が分かるだけでなく、仕事の財布の状態をきちんと集計（貸借対照表 B/S）できることにより、経営の現状の把握も行えるようになります。さらに、仕事の財布の状態を決算書に記入すると税務申告の際に条件が付きますが青色申告特別控除が 65 万円受けられるようになります。

1-1 複式簿記記帳に挑戦

複式簿記で記帳を行うと、損益計算書と貸借対照表が作成されます。経営を監視する大事な集計です。

　複式簿記の方式で毎日の取引を記帳し、決まった手順で処理をしていくと、「損益計算書」と「貸借対照表」の2つの集計が得られます。

　「損益計算書」と「貸借対照表」は、お金の面から経営の現状を知ることのできる集計表です。「損益計算書」では会計期間（個人の青色申告では1月1日〜12月31日）の売上と経費そして利益の様子が、「貸借対照表」では会計期間終了時ばかりでなく、その時々の時点での仕事のお金の状態が分かります。

　収益が十分に上がってしかも安定的な経営を行っているかどうかがこの2つの集計から判断できるようになります。

　本書では、複式での記帳方法から「貸借対照表」「損益計算書」の作成とパソコンで行う複式記帳の方法を順序を追いながら解説しています。また、実際に複式記帳の練習が行えるように豊富な演習例題を付けてあります。

貸借対照表
（ある時点での仕事の財布の内容をあらわします）

損益計算書
（ある期間の作物を作り、売って得た利益・損失をあらわします）

簡易帳簿の場合

　青色税務申告を容易にするために、各地で簡易帳簿が作成され利用されています。毎日の売上と経費の出費を記録しておけば、合計を計算するだけで、青色申告書の1頁目に当たる損益計算書が作成できてしまうとても便利な帳簿です。しかしながら、単式簿記ですので貸借対照表が作成できないので、55万円（電子申告することで65万円）の青色申告特別控除を受けることができません。10万円のみの控除となります。

　また、経営を考える十分な集計が得られません。簡易帳簿から複式簿記へ是非、チャレンジしてください。

1月

日付	収入		支出				
	農業	農外	種苗費	肥料費	農薬費	諸材料費	荷造運賃
合計							

一般的な簡易帳簿の形式

1-2 貸借対照表プラスで65万円控除

貸借対照表を記入し、電子申告または電子帳簿保存をすると青色申告特別控除が55万円から65万円となります。

　個人の税務申告の方法には、地域の平均の収入と経費を元にして税額を計算する白色申告（現在は収支計算方式になり、実際の取引金額を記録し、また帳簿の保存が義務づけられています）と売上と経費をきちんと記録し所得を計算して税務申告を行う青色申告の2種類があります。

　青色申告を行うと、白色申告と比べ、10万円の青色申告特別控除があります。加えて平成5年より、青色申告の方法が変わり、青色申告決算書の4ページ目にある貸借対照表欄に1月1日と12月31日付けで、仕事用のお金の内訳を記入することで、売上・経費だけを記入した場合に比べて、青色申告特別控除が25万円高い35万円になりました。平成10年分の申告からこれが45万円になりました。平成12年分の申告からは55万円になりました。そして平成17年分の申告からは65万円になりました。令和2年（2020年）分からは、電子申告または電子帳簿保存をした場合のみ、65万円の控除となり、複式簿記だけでは、55万円の控除となりました。（確定申告の基礎控除が10万円増加したため）

　複式簿記記帳を行うと、経営の現状をきちんと把握できる「貸借対照表」と「損益計算書」の2つの集計が得られるだけでなく、税務申告上も特別控除により、メリットを受けることができるようになります。

平成4年分以前

青色申告特別控除　10万円

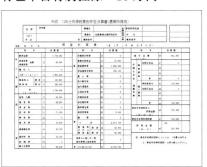

損益計算書のみでの申告

平成5年分より

1ページ目の損益計算書と4ページ目の貸借対照表に記入することで青色申告特別控除は35万円

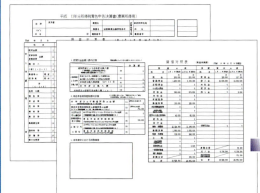

貸借対照表（4ページ目）

平成5年以降

平成5年度分以降でも、損益計算書（1ページ目）だけしか記入しない場合は、青色申告特別控除は10万円です。

平成10年分から

青色申告特別控除が45万円

平成12年分から

青色申告特別控除が55万円

ただし、複式記帳を行った時のみ55万円です。
簡易で行った場合は45万円

平成17年分から

青色申告特別控除が65万円

ただし、複式記帳を行った場合のみです。

令和2年分より

複式簿記記帳をして、電子申告又はで電子帳簿保存をした場合のみ65万円。複式簿記記帳だけであれば55万円の控除。

1-3 複式簿記をパソコンで

パソコンで記帳を行うと、元帳への転記作業などが自動的に行われ、損益計算書と貸借対照表が作成されます。

　手書きの複式簿記記帳では、最初に仕訳伝票（振替伝票）などを使って複式での取引記帳（伝票起票）を行います。
　ついで、「元帳」に転記し勘定科目ごとに整理します。
　会計期間の終了時に、「元帳」より勘定科目ごとの残高を一覧した「試算表」を作成し、記帳等に間違いが無かったかを確認します。
　最後に、「試算表」の勘定科目のうち、損益科目（売上・経費）と貸借科目（資産・負債・資本）とに分ける「精算表」を作成して初めて「損益計算書」と「貸借対照表」が作製できます。
　この過程は、決して簡単ではありません。途中の「試算表」で数字がぴったり合わなかった場合などは、最初の取引の記帳に戻って確認をしたり、「元帳」で再計算をしなければならなくなるなど、大変な手間がかかります。
　パソコンで複式簿記を行った場合は、伝票の作成にあたる入力をすれば、「元帳」の作成から「決算書」の作成まですべてをパソコンで行えます。

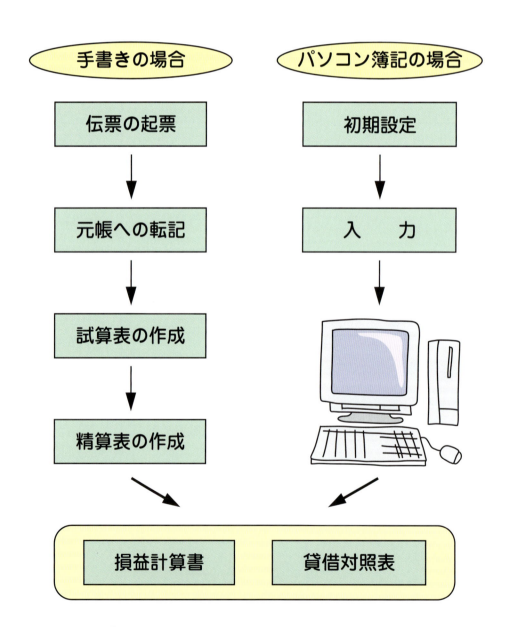

1-4 本書の説明順序と利用法

本書では、前半部で複式記帳の説明と手書きの演習を行います。後半ではパソコン簿記の演習を行います。

本書は、大きく2部に分けられます。

前半（1章から3章）では、手書きでの複式簿記の方法を説明しています。また手書きで複式簿記記帳を練習できるように編集してあります。取引の記帳の仕方から「元帳」の作り方、「試算表」「精算表」の作成を通じて「貸借対照表」と「損益計算表」を作成するまでを実際に演習できるようにしてあります。元帳・試算表・精算表は別冊に添付してありますのでご利用ください。振替伝票（仕訳伝票）は各自でご用意ください。

前半で複式記帳の方法を学んだ後に、後半（4章から6章）ではパソコンで記帳をしていく方法を詳述しました。パソコンでの最初の設定方法や入力の仕方、集計の方法を学んでください。また、手書き簿記で記帳した例題を通じてパソコン簿記に慣れてください。なお、パソコン簿記では、国内で最も多く使用されているソリマチ株式会社(以降 株式会社 略)の「農業簿記12」を使用しています。また、添付CD－ROMに同ソフトの体験版を収めています。別冊の練習問題75仕訳が入力できるようにしてあります。講習会などでご使用になれます。

前　半

複式簿記の基礎

複式簿記の基本的な事柄、取引の記録の仕方と「元帳」の作成の仕方などを学びます。「元帳」からどのように「試算表」が作成されるのか、「精算表」での貸借科目や損益科目などについて、学習をしてください。

伝票による複式簿記の演習

別冊に例題が掲載されています。演習としてこの例題から実際に振替伝票に記入してください。記入された伝票を元に「元帳」を作成し、「試算表」を作り、「精算表」を完成させるまでを実際に行ってみます。

複式簿記の基礎を演習を通じて、身に付けてください。

後　半

パソコン複式簿記の基礎

「はじめに」でも書いたように、本書ではパソコン簿記での簿記ソフトとしてもっとも広く利用されているソリマチの「農業簿記12」を使用ソフトとして選んでいます。パソコン複式簿記の基礎では、このソリマチ「農業簿記12」ソフトの画面の説明や機能選択の仕方、初期の設定などについて説明しています。

パソコン複式簿記の演習

前半の手書き記帳と同じ例題を元にパソコンで実際に入力を行います。入力した結果をもとに「試算表」や「精算表」を確認し、実際に税務署で用意している青色申告書と同じ書式で印刷をしてみます。

ご自分の経営での設定をします

練習を練習で終わりにしないために、ご自分の経営で使用できる帳面（データシート）の作成を行います。

複式簿記の基本

第2章では、複式簿記の基本を学習していきます。複式の意味や貸方・借方の理解、勘定科目などについて学習します。また、「損益計算書」と「貸借対照表」がどのような過程を経て作成されるのか、「元帳」や「試算表」、「精算表」の概要を理解してください。

2-1 取引とは

農業経営のために様々な取引を行います。取引は一方向でなく双方向です。ここでは取引の双方向性、取引の二重性を学びます。

取引とは

簿記記帳の基本は、取引です。農業経営を行っていく上で、お金を払って作物の栽培や販売に必要な肥料や農薬を購入したり、輸送のサービスを購入します。また、収穫された農産物を売り上げることでお金に変わります。こうした一連の仕事での物やサービス、お金に関わる行動が取引ということになります。

取引は出る・入る

図を見てください。図1は、農協から資材を購入した取引です。農協から資材が手に入りますが、一方でその代金を農協に払っています。どちらか片方からだけの取引はありません。資材などが手に入れば、必ずその支払が生じます。

図2は、農作物を出荷した取引です。農家から販売のために農作物が農協へ移動しています。農作物の移動だけでは、取引とは言えません。取引というためには、当然ながら農協より代金が入ってこなければいけません。取引は片一方だけではないのです。

図1　農業資材を購入

資材などを購入した時の取引は、基本的に資材が手に入った時に取引としては成立しています。支払が後になっても、取引成立時の金額の支払が残ります。

図2　農作物を出荷

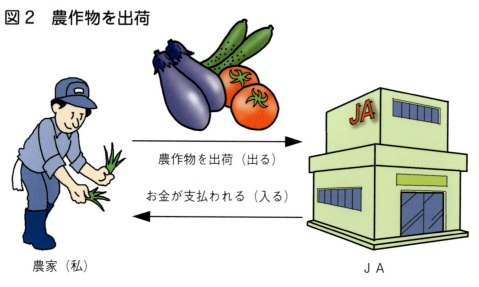

農作物を出荷した時は、その農作物が相手に渡ったときに基本的に取引が成立したことになります。入金が遅れたとしても、その取引が成立した時点での金額が入金されます。

2-2 複式での取引記帳

私から出ていったものを右側に、私に入ってきたものを左側に記帳します。右側を貸方、左側を借方といいます。

複式簿記とは

取引は、私から見ると、出るものと入るものの交換です。複式簿記は、この両方（入る・出る）を記録するため、複式と呼ばれます。お金の動きと、物・サービスの動きの両方を記録するため、最後に損益計算書と貸借対照表が作成されます。

複式簿記での記帳の基本

複式簿記では、私（2-1の図1・2では農家）からみて「出ていった」「入ってきた」の両方をきちんと記録していくことが基本となります。記録をしていく場合、図1・2のように、私から出ていったものを右側に、私に入ってきたものを左側に下図のようにT字形をした図を書き、記入します。この時、右側を「貸方（かしかた）」左側を「借方（かりかた）」と呼びます。

取引ごとに出ていったのが何で、入ってきたのが何と16ページで説明する勘定科目を使ってきちんと記録していくことを「仕訳」といいます。

ここでは、勘定科目を使う前に、何が出て何が入ったのかを図示しています。

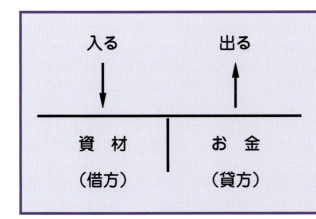

右の取引図は、お金を払って資材を購入した時に、出る側・右側（貸方）の内容、入る側・左側（借方）の内容を書いてみました。

ただし、この状態では、まだ正しい記帳ではありません。「お金」と書いてもどんなお金かもわからないからです。正しい書き方は、次節に説明している勘定科目を使用することで、きちんとした、取引の仕訳（記録）が作成されます。

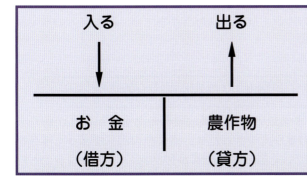

右の取引図は農作物を出荷して、お金が入ってきた場合の取引です。私から農作物が出ていったので、貸方・右側が「農作物」です。一方、私にお金が入ってきたので、借方・左側に「お金」が入っています。

次節に説明している勘定科目を使用して書くことで、きちんとした、取引の仕訳となります。

預金通帳を下ろした時の仕訳

図は、仕事に使っている通帳からお金を下ろした場合です。仕事に関わるお金の流れですから取引の一つとなります。通帳からお金を下ろすと通帳のお金が減りますが、代わりに現金が増えます。通帳のお金が減ったまま、もしくは、空から現金が降ってくるなどということはありません。

このとき減る（出る）「普通預金」は右側（貸方）に、増える（入る）「現金」は左側（借方）に書きます。

但し、売上や借金は右側（出る－貸方）にある時に増えます。25ページを参照してください。

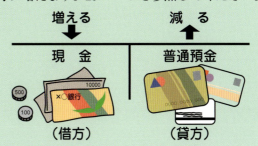

2-3 勘定科目とは

私から出ていったもの、私に入ってきたものをきちんと記録するための基本が勘定科目です。

勘定科目とは

人がそれぞれ勝手気ままに、伝票に「野菜」とか「鍬」とか書いていたのでは、きちんとした「元帳」も「試算表」も作成することができません。そこで、きちんと記録が行えるように、書き込む用語を勘定科目という形で、整理をしておくことが必要になります。

取引の流れ

右の図のように取引は、仕事の財布からお金を出して、農作物を育て販売するために必要な肥料や農薬またサービスを購入します。購入した肥料や農薬はほ場に使用し、農作物が育ちます。育った農作物を販売して、お金が仕事の財布に戻ってきます。

この取引の流れをきちんと記録するのが勘定科目ですが、取引のどの部分を担うかによって、勘定科目は大きく5つに区分されます。

5区分の勘定科目（資産・負債・資本・売上・経費）

財布からお金が出て、農作物を栽培するために必要な資材や販売するために必要な輸送のサービスなどを購入します。購入される資材やサービスの一つ一つが勘定科目になりますが、こうした購入される勘定科目のグループは「経費」と呼ばれます。

一方、栽培された農作物は販売されますが、販売される農作物の種類や販売先による区分の一つ一つが勘定科目になります。販売に関わる勘定科目グループは「売上」と呼ばれます。

また、仕事の財布の中には、現金や普通預金など仕事で持っている財産が入っていますが、これら財産の一つ一つが勘定科目になり、この財産の勘定科目のグループを「資産」と呼びます。

これら資産は、私の努力（財産を得る働きなど）もしくは借金によってできています。借金の方法や内容によって一つ一つが勘定科目になり、この借金の勘定科目グループを「負債」と呼びます。

私の努力についても、いくつかの内訳、勘定科目がありますが、私の努力の勘定科目グループを「資本」と呼びます。

農業という本業以外（金融的取引など）での収入（営業外収益）と支出（営業外支出）

農作物を育て販売するという本業以外にも仕事に関わるお金の出入りがあります。例えば、仕事の預金通帳に利息が入金されたり、借入金の利息を払った場合などです。こうした取引を記録していく勘定科目のグループを、「営業外損益」と呼びます。

図

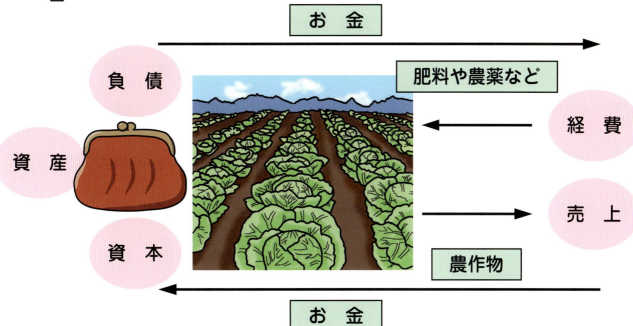

私は畑にいます

●肥料や農薬を購入したとき

　私が畑にいるとすると、経費（肥料や農薬、種苗など）は、購入すると、私のところに入ってきます。代わりに、お金（資産）が出ていきます。

　このため、普通、お金を払い、経費となる物品・サービスなどを手に入れたときの仕訳は、入る側（左側・借方）に経費が、出ていくお金（資産）は出て行く側（右側・貸方）となります。経費になるものやサービスを購入したときの経費の額は、手に入れるほど増えるので左に来たときに増加します。

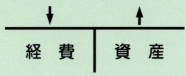

　もちろん、購入した肥料や農薬などを返品したときは、経費が減ってお金が戻るので、左右が逆の仕訳となります。

●農作物を販売したとき

　一方、売上は、売り上げると私の作った農作物が、私から出ていきます。代わりにお金（資産）が入ってきます。

　このため、普通、売上げて農作物が私から出てお金が入ってくるときの仕訳は、入る側（左型・借方）は資産が、出る側（右側・貸方）は売上となります。売上は、作物等が出ていった額の合計になるので、右側に来た時、出ていった時に増加します。

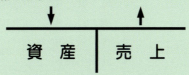

　もちろん、こちらも売ったのに返品されたときは、売上が減ってお金を戻すので、左右が逆の仕訳になります。

　なお、上記の仕訳は、グループ名で仕訳しているので、実際には、次ページの勘定科目を参考にして、勘定科目により仕訳を行います。

2-4 勘定科目（資産・負債・資本）

仕事の金庫の中には資産、負債、資本の各グループに分けられる勘定科目があります。

区分			勘定科目名
《資産の部》	【流動資産】	（現金・預金）	現　　　金
			普 通 預 金
			定 期 預 金
			その他預金
		（売上債権）	売 掛 金
			未 収 金
		（有価証券）	有 価 証 券
		（棚卸資産）	商品（購入農産物）
			製品（農産物）
			製品（販売用動物）
			仕掛品（未収穫農産物）
			原 材 料
		（その他流動資産）	立 替 金
			仮 払 金
			貸 付 金
			仮払消費税
	【固定資産】	（有形固定資産）	建　　　物
			建物付属設備
			構 築 物
			機 械 装 置
			車両運搬具
			器 具 備 品
			生　　　物
			一括償却資産
			土　　　地
			建設仮勘定
			育 成 勘 定
		（無形固定資産）	ソフトウェア
		（投資等）	出 資 金
			保険積立金
	【繰延資産】		土地改良受益者負担金
	【事業主貸】		事 業 主 貸
《負債の部》	【流動負債】		買 掛 金
			短期借入金
			未 払 金
			未払い費用
			前 受 金
			預 り 金
			仮 受 金
			貸倒引当金
			未払仮受消費税
			仮受消費税
	【固定負債】		長期借入金
	【事業主借】		事 業 主 借
《資本の部》	【資本金】		元 入 金
	【所　得】		控除前所得

資産・負債・資本（貸借科目）

仕事の財布の中の勘定科目は資産・負債・資本の3グループに分けられます。

3グループの勘定科目により、会計年度末に「貸借対照表」（年度末の仕事の財布の中の様子をあらわしたもの）が作成されるので、資産・負債・資本の3グループの勘定科目をあわせて、貸借勘定科目ともよびます。

資産

私が現在持っている財産の内訳に当たる勘定科目が資産の勘定科目です。現金から土地改良受益者負担金まであります。

資産の中の1年以内に現金化できる資産の集まりを「流動資産」、現金に変えられない財産の集まりを「固定資産」と呼びます。

こうした私の財産は私自身が働く努力の中で作ったもの（資本）と借金によってできているもの（負債）に分けられます。

負債

借金の内訳にあたる勘定科目が負債の勘定科目です。1年以内に返済しなければならない負債科目の集まりを「流動負債」、1年以上かけて返済する負債科目の集まりを「固定負債」と呼びます。

資本

財産のうち、私自身が働く中で得て、繰り越してきた財産に当たる部分を示しているのが資本です。個人経営では法人のような当初の資本金がありませんので、勘定科目は元入金となっています。

2-5 勘定科目（売上・経費）

売上と経費の各グループに入る勘定科目です。経費は、生産原価経費と販売費・一般管理経費に分けられます。

区分		勘定科目名
《売上の部》	【売上高】	売上高
		生物売却収入
		作業受託収入
		家事消費高
		事業消費高
		期首農産物棚卸高
		期末農産物棚卸高
		雑収入
《経費の部》	【生産原価経費】	期首農産物以外棚卸高
		種苗費
		素畜費
		肥料費
		飼料費
		農薬費
		診療衛生費
		動力光熱費
		諸材料費
		農具費
		修繕費
		共済掛金
		租税公課
		作業委託費
		賃借料
		支払地代
		作業用衣料費
		土地改良水利費
		減価償却費
		専従者給与
		雇人賞与
		専従者賞与
		給与
		雇人費
		雑給
		法定福利費
		福利厚生費
		育成費振替高
		期末農産物以外棚卸高
	【販売費・一般管理経費】	退職金
		荷造運賃
		販売手数料
		交際費
		事務通信費
		旅費図書研修費
		一般租税公課
		雑費

売上・経費（損益科目）

売上と経費の勘定科目を集計することで、その年、利益が出たのか損失が出たのかが分かるため、売上と経費の科目をあわせて損益勘定科目と呼びます。

売上

売上の勘定科目には、売上高以外に、出荷用に栽培した農作物を家で食べたときに使用する家事消費高という勘定科目もあります。

経費

経費は、農作物を栽培し販売するために購入する資材やサービスの内訳です。

農作物を作るのにかかった経費をあらわす勘定科目のグループを「生産原価経費」と呼びます。

販売および管理にかかった経費の内訳をあらわす勘定科目の集まりを「販売費・一般管理経費」と呼びます。

ここにあげた勘定科目は一例です。

各地の農業の現状に合わせて、最適の勘定科目を設定して、記録を取るようにしてください。

2-6 勘定科目（営業外損益）

本業の農産物の生産・販売に関わらない、利息の受取や利息の支払などの勘定科目が営業外損益の勘定科目です。

区分		勘定科目名
《営業外損益》	【営業外収益】	奨励金
		受取共済金
		受取配当金
		受取地代
		固定資産売却益
		国庫補助金収入
		転作補助金収入
		雑収入
	【営業外費用】	利子割引料
		固定資産売却損
		固定資産除却損
		災害損失
		雑損失
《引当金準備金》	【繰戻額等】	貸倒引当金戻入額
	【繰入額等】	貸倒引当金繰入

営業外損益（金融関連の取引）

本業である農作物を生産・販売する取引以外の取引、特に金融関連の利息の支払や利息を受け取った場合などの取引に関わる勘定科目が、営業外損益の勘定科目です。

また、奨励金なども営業外収益となります（売上グループの雑収入を使用して記帳していることも多いようです）。

2-7 仕訳（伝票に勘定科目で記入）

振替伝票（仕訳伝票）に勘定科目を使って記入する仕訳を行ってみよう。

勘定科目を使って振替伝票に記入

振替伝票（仕訳伝票）に、きちんと勘定科目を使って記入することで、正式の複式記帳になります。勘定科目を使用して記帳を行い、決まった手続きで集計をしていくことで、年末に仕事の財布内容の集計である「貸借対照表」と今年どれだけ利益が出たかが分かる「損益計算書」が作成されます。

現金で肥料を3,000円購入した場合

ここでは、現金で3千円分の肥料を購入した場合を例として取り上げます。

現金を払ったのですから、右側、出ていく側（貸方）に資産グループの勘定科目、「現金」を記入します。現金を3千円支払っていますので金額の欄には「3,000」を記入します。

一方、3千円の現金を支払って農作物を作るために「肥料」を手に入れました。農作物を作って販売するために必要なものとして手に入れるものは経費ですから、左側、入ってくる側（借方）に経費グループの「肥料費」を記入します。経費になるものとしての肥料を手に入れたという意味での「肥料費」です。手に入れた肥料の価値（金額）として、金額欄に現金の金額欄と同じ「3,000」を記入します。

摘要欄には、どのような取引であったのかを言葉で記入しておきます。ここでは、肥料を購入したので、「肥料を購入」と記帳しました。

このように、取引ごとに勘定項目を使用し、出ていく側（貸方）と入ってくる側（借方）を記入し、金額を記入することを「仕訳」を行うといいます。

なお、ここではこの3千円の金額は消費税込みの金額（税込方式）としています。
以下、本書での金額は税込で行っています。

振替伝票（仕訳伝票）の記入例

金額	借方科目	摘要	貸方科目	金額
3000	肥料費	肥料を購入	現金	3000
3000	合	計		3000

2-8 財産調べ（期首残高）

1月1日の仕事の財布の中身を調べます。これにより、本年の12月31日の財布の中身が確定します。

1月1日付けの仕事の財産を調べよう（開始貸借対照表の作成）

取引をどのように記録していくかがわかったところで、実際に複式簿記記帳を行っていくことにします。最初に、1月1日、我が家にどれだけの財産（仕事の財布の内訳）があったかを調べます。その財産からお金が出て必要なものを購入したり、また販売することで、財産の残高が変わり、最後に12月31日の財産（仕事の財布の内訳）が確定します。

資産は私の持っているもの（入ってくるときに増加する）なので、金額を書き込むとき左側（借方）に書きます。一方、負債と資本は私の財産ができている理由をあらわしており（出ていった時に増加する）右側（貸方）に記入します。資産の合計と負債・資本の合計が同じになるように、資本の元入金で調整します。元入金は資産の合計から負債の合計を引いて計算します。

区分	勘定科目名	期首残高 借方	期首残高 貸方
《資産の部》	現　　　金	200,000	
	普 通 預 金	1,200,000	
	定 期 預 金		
	その他預金		
	売 掛 金	960,000	
	未 収 金		
	有 価 証 券		
	商品（購入農産物）		
	製品（農産物）	130,000	
	製品（販売用動物）		
	仕掛品（未収穫農産物）		
	原材料（肥料その他貯蔵品）	40,000	
	立 替 金		
	仮 払 金		
	貸 付 金		
	仮払消費税		
	建　　　物	11,760,000	
	建物付属設備		
	構 築 物		
	機 械 装 置	1,173,600	
	車両運搬具		
	器 具 備 品		
	生　　　物	300,000	
	一括償却資産		
	土　　　地		
	建設仮勘定		
	事 業 主 貸		
《負債の部》	買 掛 金		120,000
	短期借入金		
	未 払 金		
	長期借入金		10,000,000
	事 業 主 借		
《資本の部》	元 入 金		6,183,600
	控除前所得		
	合計	16,303,600	16,303,600

資産＝負債＋資本

資本＝資産－負債

表は一部の勘定科目を省略しています

期首残高の記帳を行う

◎資産

現　金

仕事用として持っている「現金」の前年の最後の日付（その金額で年を越す）の金額を期首残高として「現金」の左側（借方）に記入します。

普通預金

仕事用として使っている預金通帳（貯金通帳）の前年の最後の日付（その金額で年を越す）の金額を期首残高として「普通預金」の左側（借方）に記入します。

売　掛　金

販売してすぐに現金や普通預金に入金されない場合、代わりに「払ってくれる約束」（財産）をもらったことにします。この約束が勘定科目では「売掛金」です。前年販売して、前年にすでに売上として計上しながらお金が入ってきていない場合、「売掛金」は資産ですからその金額を「売掛金」の左側（借方）に記入します。

建物など減価償却資産

取得時10万円以上し、購入年に一括して全額を経費に計上できない資産が減価償却資産（固定資産）です。減価償却資産として現在持っている資産を調べ、経費に計上した金額を除いた金額（期首帳簿価額）を各減価償却資産の内容に合わせて「建物」などの固定資産勘定科目の左側（借方）に記入します。

◎負債

買　掛　金

購入時にすぐお金を払わなかった場合、代わりに「払う約束」（借金）を相手に渡したことにして記帳します。この購入時に支払を行わず、相手に対して渡した払う約束が勘定科目では負債グループの「買掛金」です。

前年購入し、経費として計上したもののまだお金を払っていない場合、その金額を「買掛金」の右側（貸方）に記入します。

長期借入金

温室などを建てた時の借金が残っているときは、その金額を記入します。1年以内に返済する借金の場合は「短期借入金」、1年以上かけて返済する借金の場合は「長期借入金」勘定科目を使用します。まだ返済していない金額を「長期借入金」の右側（貸方）に記入します。

◎資本

元　入　金

個人経営の場合、法人と違って開業時の資本金はありません。このため、資本の元入金の金額は、計算によって確定します。資産の合計と負債・資本の合計が等しくなるという原則より、資産の合計から負債の合計を引いた金額を元入金に記入します。

資産＝負債＋資本 … 原則
それゆえ、**資本＝資産－負債** で元入金を計算

> **使用する勘定科目にあわせて期首の残高を記入してください。**
> **なお、期首の残高調べは、最初の年だけです。翌年の期首は、**
> **前年の期末金額になります。**

2-9 複式簿記記帳の原理 1

複式で取引を記帳していくことの意味を図で説明します。

振替伝票で記帳していくとは

振替伝票で毎日の取引を記帳していくことがどのような意味を持っているのかを考えてみます。図の資産や負債、資本の中の線は、例えば資産がいくつあるかを示しています。

1月1日 期首の残高

図1

1月1日、図1のように、仕事の財布の中には9単位の資産を持っており、その9単位の資産は、3単位の借金（負債）と6単位の私の努力（資本）によって作られています。

借方（左側）　　貸方（右側）

資産(9)＝負債(3)＋資本(6)

1月4日 肥料を3単位購入

1月4日の日に肥料を現金（資産）で3単位購入しました。「仕訳1」の伝票を書きます。そうすると、図2のように、「現金」が出る側・右側（貸方）に記入され資産は3単位減ります。その代わり左側・入る側（借方）に「肥料費」が記され、経費が3単位増えました。

図2

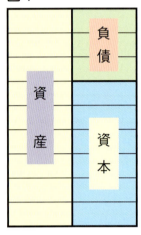

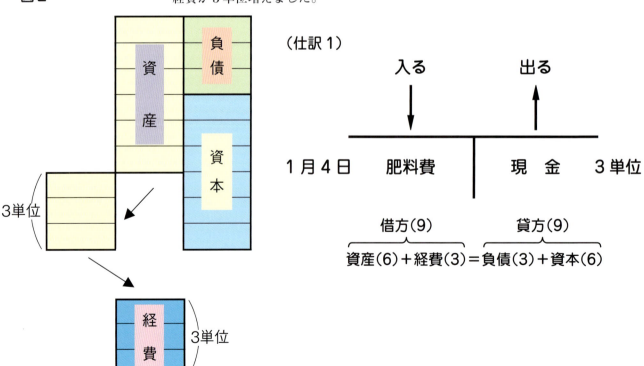

（仕訳1）

1月4日　肥料費　　　現　金　3単位

借方(9)　　貸方(9)

資産(6)＋経費(3)＝負債(3)＋資本(6)

1月5日 5単位売上げる

1月5日、生産された農作物を5単位売り上げて現金が入ってきました。売り上げたときの仕訳は「仕訳2」です。売り上げて農作物を相手に渡したので、右側、出る側（貸方）に売上グループの売上高が記入されています。

一方、資産グループの現金が売上により入ってきたので、左側・入る側（借方）に「現金」が記入され資産が増加します。図3のようになります。

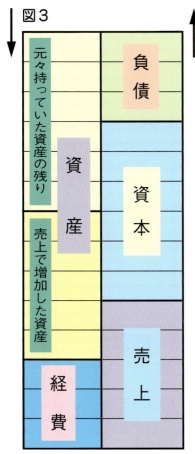

左側の勘定科目　　右側の勘定科目
（資産・経費） ←→ （負債・資本・売上）

（入ってくる時に増加）　（出ていく時に増加）
（右側で出ていった時　（左側で入ってきた時
　は減少）　　　　　　　は減少）

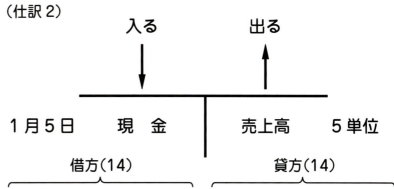

（仕訳2）

資産(6)＋資産(5)＋経費(3)＝負債(3)＋資本(6)＋売上(5)

振替伝票を書いていく（仕訳を行う）ことは、こうした流れを記録していくことになります。

資産・経費残高が左側の理由
資産は12月31日にはどれだけ残っていたかが知りたいのです。どれだけ残っていたかは、どれだけ手に入れたか（左側に入る）が基本になりますから左側グループになります。

経費も、農作物を作って売るために、今年どれだけ手に入れたかが知りたいので、左側グループになります。

負債・売上残高が右側の理由
相手に対して渡した払う約束（右側）が負債です。12月31日にはどれだけ相手に対して渡した（出た）払う約束、すなわち負債があるかを知りたいのですから、右側のグループになります。

売上も相手に対して渡した（出た）農作物がどれだけあったかを知りたいのですから右側のグループになります。

資産・経費は左側で増加（残高は左側）
負債・資本・売上は右側で増加（残高は右側）

流れを理解するとともに、ここでは、負債、資本、売上が右側に、資産、経費が左側にあることを覚えておいてください。別の言い方だと、負債・資本・売上は貸方グループに、資産・経費は借方グループに入ります。

2-10 元帳を作成する1

振替伝票から各勘定科目ごとに整理をします。

元帳とは

振替伝票を記入しただけでは複式簿記の第一歩が始まったばかりです。振替伝票には、左側（借方）・右側（貸方）に勘定科目が記入されています。振替伝票のままでは、勘定科目ごとの動きが分かりません。そこで、勘定科目ごとに整理をします。勘定科目ごとに整理する帳面を「元帳」と呼びます。まずは使用する勘定科目数と同じ枚数の元帳を用意し、各元帳の科目欄に勘定科目名を記入しておきます。ここでは残高式の元帳を使っています。

売上げて現金が10万円入ってきた場合

農作物を販売して、現金10万円が入ってきた振替伝票です。売り上げるというのは、相手に農作物を渡すので、右側（貸方）に売上の売上高が記入されます。また、相手に農作物を渡した代わりに現金が10万円入ってきましたので、左側（借方）に資産の現金が記入されます。

元帳では、伝票に書かれた現金と売上高勘定科目の2枚の元帳を開きます。それぞれに、まず日付と取引の説明である摘要文を記入します。ついで、現金の「元帳」では相手科目として売上高を、売上高の「元帳」では相手科目として現金を記入します。

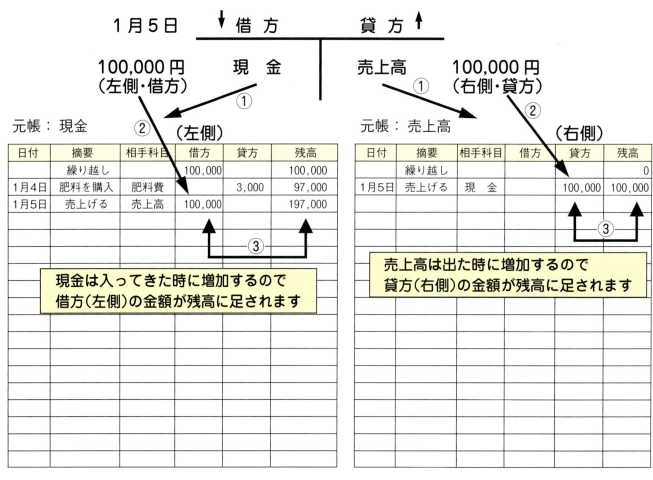

このように、振替伝票で複数記入された勘定科目ごとに整理していくのが元帳です。この時、原理1の図3（23ページ）にあるように右側の勘定グループ（負債・資本・売上）は貸方（出る）の金額を残高に足し、借方の金額を残高から引きます。

一方、左側の勘定グループ（資産・経費）は、借方（入る）の金額を残高に足し、貸方の金額を残高から引きます。

期首残高（繰越金）の扱い

仕事の財布の内容にあたる貸借グループの勘定科目（資産・負債・資本）は、前年からの繰越があります。

「元帳」を作成する時には、この繰越金も記入しておきます。

資産・負債・資本の中で、23ページの原理1にも書かれているように、「資産」は左側（借方）の勘定グループです。一方、「負債」と「資本」は右側（貸方）の勘定グループです。

前年からの繰越金のうち、資産（現金や普通預金など）は左側（借方）に繰越金額を記入し、その金額を残高にも記入します。普通預金の残高がマイナスの時は左側にマイナスで記録します。

一方、負債と資本は右側（貸方）に繰越金額を記入し、その金額を残高に記入します。

元帳の残高の計算の方法

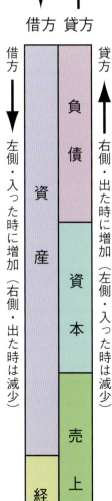

図は、残高試算表です。詳しくは次の節で説明しますが、左側（借方・入る）が資産・経費、右側（貸方・出る）が負債・資本・売上となっています。

左側は借方と書かれており、下矢印の（入る）となっています。資産・経費は借方勘定と言われています。

右側は貸方と書かれており、上矢印（出る）となっています。負債・資本・売上は貸方勘定と言われます。

出る、入るの矢印は、伝票の左側（入る）と右側（出る）と同じです。

◎資産・経費は左（入る）が基本（借方勘定　左側に来た時残高に足す）

資産が左側（入る）に位置しているのは、資産は「入る」が基本ということをあらわしています。もちろん、例えば資産の勘定科目現金は、売上があって現金が入ってきたときは左側の入る（借方）に記帳されますし、資材を現金払いで購入した場合は右側の出る（貸方）に記帳されます。

1年間の記帳をした後は、現金であれば、最後に残っていた金額が知りたいのですから、最後に残った現金は、入ってきた金額から出ていった金額の残りとなります。入ってきた現金は足して、出ていった金額を引くのですから、入ってくる方が基本（加算していく）となるという意味で、左側に資産があげられています。

同じように、経費も経費になるものとして、今年どれだけ手に入れたかを1年間記帳した後に知りたいのですから、やはり左側の入る（借方）が基本（加算していく）となります。

◎負債・資本・売上は右（出る）が基本（貸方勘定　右側に来た時残高に足す）

売上勘定の売上高は、売り上げた時、売上高の勘定科目はお金が入る代わりに作物を相手に渡した（出る）ので、右側の出る（貸方）に記帳されます。

1年間の記帳をした後、今年どれだけ売上高があったのか知りたいのですから、この場合は、相手に渡した農作物がどれだけあったかを集計することになります。資産と違って、出ていった農作物の売上高からもし返品があった場合はそれを引いて計算することになります。ですから、右側が基本（加算していく）となります。負債も、相手に返す約束を渡して、左側の入る（借方）に現金や預金が記帳されます。1年間の記帳の結果、期末にどれだけ負債があるかは、相手に渡した払う約束の残高となるので、右側の出るが基本（加算していく）となり、図のように負債は右となります。

2-11 元帳を作成する2

4伝票の事例から転記と残高計算を行ってみます。

残高と1年間の経営結果を集計

本節では、具体的な仕訳を元に、元帳を作成していきます。27ページの、5つの仕訳の事例を元に、元帳に転記し残高を計算してみます。

左側（借方・入る）が基本の勘定科目（**資産・経費**）の場合、元帳の左側（借方・入る）に転記された金額は、残高に加えます。右側（貸方・出る）に記帳された金額は、残高から引かれます。

一方、右側（貸方・出る）が基本の勘定科目（**負債・資本・売上**）の場合、右側（貸方・出る）に転記された金額は、残高に加えます。左側（借方・入る）に転記された金額は、残高より引かれます。なお、現金、普通預金（貸借科目）の繰越は期首残高です。

下図は、4勘定科目の元帳です。1年間元帳を作成していくことで、資産・負債・資本は12月31日付けでの残高が分かるようになり、売上・経費は、1年間の合計が集計されます。

元帳：現金　入る↓　↑出る

日付	摘要	丁数	借方	貸方	残高
1/1	繰り越し		200,000		200,000
○ 1/10	肥料を購入	1		30,000	170,000
□ 1/11	売上げる	2	20,000		190,000
△ 1/12	預金をおろす	3	50,000		240,000

元帳：普通預金　入る↓　↑出る

日付	摘要	丁数	借方	貸方	残高
1/1	繰り越し		1,200,000		1,200,000
△ 1/12	預金をおろす	3		50,000	1,150,000
◎ 1/13	肥料を購入	4		30,000	1,120,000
▱ 1/14	売上げる	5	80,000		1,200,000

元帳：肥料費　入る↓　↑出る

日付	摘要	丁数	借方	貸方	残高
1/1	繰り越し			0	0
○ 1/10	肥料を購入	1	30,000		30,000
◎ 1/13	肥料を購入	4	30,000		60,000

元帳：売上高　入る↓　↑出る

日付	摘要	丁数	借方	貸方	残高
1/1	繰り越し			0	0
□ 1/11	売上げる	2		20,000	20,000
▱ 1/14	売上げる	5		80,000	100,000

○（No1）、□（No2）、△（No3）、◎（No4）、▱（No5）は、同じ伝票内の貸方、借方です。

1月10日　肥料を現金で購入 ○

現金は右（貸方・出る）ですので元帳の右側に記入し、残高は引かれます。一方、肥料は左（借方・入る）ですので左側に記入し、残高に足されます。

```
　入る↓　　　　　　　↑出る
　　　　借　方　│　貸　方
30,000　肥料費　│　現　金　30,000
```

元帳：肥料費

日付	摘要	丁数	借方	貸方	残高
1/1	繰越金額		0		0
1/10	肥料を購入	1	30,000		30,000

元帳：現金

日付	摘要	丁数	借方	貸方	残高
1/1	繰越金額	1	200,000		200,000
1/10	肥料を購入			30,000	170,000

 1月11日　直売で販売しました □

農作物を相手に渡し現金を得たので、現金は左（借方・入る）に記入し、残高に足されます。一方、売上は、右側（貸方・出る）ですので、右側に記入します。ただし、売上は出た金額が知りたいので（右側・出るが基本）、残高に足します。

```
　入る↓　　　　　　　↑出る
　　　　借　方　│　貸　方
20,000　現　金　│　売上高　20,000
```

元帳：現金

日付	摘要	丁数	借方	貸方	残高
1/10	肥料を購入	1		30,000	170,000
1/11	売上げる	2	20,000		190,000

元帳：売上高

日付	摘要	丁数	借方	貸方	残高
1/1	繰越金額		0		0
1/11	売上げる	1		20,000	20,000

No3　1月12日　預金をおろしました △

預金をおろして、預金残高は減るので、普通預金は、右側（貸方・出る）で、元帳にも右側に記入し残高は引かれて減少します。一方、現金は左側（借方・入る）ですので、左側に記入し、残高に足します。

```
　入る↓　　　　　　　↑出る
　　　　借　方　│　貸　方
50,000　現　金　│　普通預金　50,000
　　　　　　　　　（農協通帳）
```

元帳：現金

日付	摘要	丁数	借方	貸方	残高
1/10	直売で売上	1	20,000		190,000
1/12	預金をおろす	3	50,000		240,000

元帳：普通預金

日付	摘要	丁数	借方	貸方	残高
1/1	繰越金額		1,200,000		1,200,000
1/12	預金をおろす	3		50,000	1,150,000

No4　1月13日　預金引落で肥料を購入 ◎

引き落としで普通預金が減ったので普通預金は右側（貸方・出る）に記入し残高から引かれます。一方、肥料費は左側（借方・入る）ですので左側に記入し、残高に足されます。

```
　入る↓　　　　　　　↑出る
　　　　借　方　│　貸　方
30,000　肥料費　│　普通預金　30,000
　　　　　　　　　（農協通帳）
```

元帳：肥料費

日付	摘要	丁数	借方	貸方	残高
1/10	肥料を購入	1	30,000		30,000
1/13	肥料を購入	4	30,000		60,000

元帳：普通預金（農協通帳）

日付	摘要	丁数	借方	貸方	残高
1/12	預金をおろす	3		50,000	1,150,000
1/13	肥料を購入	4		30,000	1,120,000

No5　1月14日　売上が預金に入金 □

売上が普通預金に入金になったので、普通預金は左側（借方・入る）に記入し、残高に足されます。一方、売上高は右側（貸方・出る）ですので右側に記入しますが、売上高は右側（貸方）が基本ですので、残高に足されます。

```
　入る↓　　　　　　　↑出る
　　　　借　方　│　貸　方
80,000　普通預金│　売上高　80,000
　　　　　　　　　（農協通帳）
```

元帳：普通預金（農協通帳）

日付	摘要	丁数	借方	貸方	残高
1/13	肥料を購入	4		30,000	1,120,000
1/14	売上げる	5	80,000		1,200,000

元帳：売上高

日付	摘要	丁数	借方	貸方	残高
1/11	売上げる	1		20,000	20,000
1/14	売上げる	4		80,000	100,000

2-12 試算表を作成する

1年間元帳に転記してきた後、勘定科目ごとの残高や貸方・借方の合計を一覧にします。これを試算表といいます。

1年間の伝票記入と元帳への転記が終わって

　1月1日から12月31日までの取引の記帳と年末だけに行う決算修正の記帳が終わるといよいよ決算書（貸借対照表と損益計算書）の作成に取りかかります。

　最初に「元帳」の借方・貸方合計および残高の一覧（残高では、資産・経費は借方に、負債・資本・売上は貸方に記入）を作成します。この残高と合計の一覧表が「試算表」です。

　「試算表」には借方・貸方の合計を一覧にした「合計試算表」と残高を一覧とした「残高試算表」、その両方を一覧にした「合計残高試算表」があります。

　下表は「合計残高試算表」の例です。勘定科目の一部を取り上げて作成してあります。

残高	借方合計	勘定科目名	貸方合計	残高
200,000	2,600,000	現　　　金	2,400,000	
700,000	6,700,000	普 通 預 金	6,000,000	
0		定 期 預 金		
0		その他預金		
150,000	6,050,000	売 掛 金	5,900,000	
0		未 収 金		
1,500,000	2,000,000	建　　　物	500,000	
0		建物付属設備		
0		構 築 物		
800,000	1,000,000	機 械 装 置	200,000	
800,000	1,000,000	車 両 運 搬 具	200,000	
0		器 具 備 品		
4,000,000	4,000,000	事 業 主 貸		
	450,000	買 掛 金	550,000	100,000
		短期借入金		
		未 払 金		
	500,000	長期借入金	2,000,000	1,500,000
		事 業 主 借		0
		元 入 金	2,300,000	2,300,000
		控除前所得		0
		売 上 高	9,500,000	9,500,000
		家事消費高	250,000	250,000
500,000	500,000	種 苗 費		
800,000	800,000	肥 料 費		
0		飼 料 費		
300,000	300,000	農 薬 費		
900,000	900,000	減価償却費		
2,000,000	2,000,000	専従者給与		
0		雇 人 賞 与		
0		雇 人 費		
1,000,000	1,000,000	荷造運賃		
0		販売手数料		
0		雑 費		
13,650,000	29,800,000		29,800,000	13,650,000

↑ 残高試算表 ↑
　↑ 合計試算表 ↑

表　合計残高試算表

試算表作成の手順

使用している勘定科目を資産、負債、資本、売上、経費、営業外損益の順に書いていきます。

勘定科目ごとに、右側（貸方）に「元帳」の貸方の合計を書き込みます。左側（借方）に「元帳」の借方合計を書き込みます。

この時、資産の勘定科目の繰越金が「元帳」の残高と借方に記入されているか、負債と資本の勘定科目の繰越金が「元帳」の残高と貸方に記入されているかを確認してください。

資産と経費の勘定科目の残高は、左側（借方）に書き込みます。一方、負債と資本、売上の勘定科目の残高は、右側（貸方）に書き込みます。

各勘定科目の借方の金額と、貸方の金額を合計します。きちんと記帳がされていれば、借方の合計と貸方の合計が同じになります。

もし、違っているようでしたら、伝票から元帳への転記が間違った可能性がありますので、確認してください。

また、借方の残高の合計と貸方の残高の合計も計算します。貸方の残高合計と借方の残高合計は等しくなります。

もし、等しくならなかった場合は、計算違いか転記間違があるかもしれません。もう一度確認してください。

元帳：現金

借方	貸方	残高
2,600,000	2,400,000	200,000

2,600,000-2,400,000=200,000
借方　　　貸方

元帳：普通預金

借方	貸方	残高
6,700,000	6,000,000	700,000

6,700,000-6,000,000=700,000
借方　　　貸方

残高	借方合計	勘定科目名	貸方合計	残高
200,000	2,600,000	現　　　金	2,400,000	
700,000	6,700,000	普 通 預 金	6,000,000	
		定 期 預 金		
		その他預金		
		売 　掛 　金		
		未 　収 　金		
		建　　　物		
		建物付属設備		
		構 　築 　物		
		機 械 装 置		
		車両運搬具		
		器 具 備 品		
		事 業 主 貸		
	450,000	買 　掛 　金	550,000	100,000
		短期借入金		
		未 　払 　金		
	500,000	長期借入金	2,000,000	1,500,000
		事 業 主 借		
		元 　入 　金		
		控除前所得		
		売 　上 　高		
		家事消費高		
		種 　苗 　費		
		肥 　料 　費		
		飼 　料 　費		
		農 　薬 　費		
		減価償却費		
		専従者給与		
		雇 人 賞 与		
		雇 　人 　費		
		荷 造 運 賃		
		販売手数料		
		雑 　　費		
13,650,000	29,800,000		29,800,000	13,650,000

―― 等しい ――
―― 等しい ――

元帳：買掛金

借方	貸方	残高
450,000	550,000	100,000

550,000-450,000=100,000
貸方　　借方

元帳：長期借入金

借方	貸方	残高
500,000	2,000,000	1,500,000

2,000,000-500,000=1,500,000
貸方　　借方

2-13 複式簿記記帳の原理 2

複式で取引を記帳すると取引後の借方合計と貸方合計は一致します。また残高も一致します。

取引記帳の途中でも試算表の借方合計と貸方合計は同じです

22ページ（原理1）で振替伝票を書いたときの資産や経費などの動きを説明しましたが、ここでは、取引を行った後でも借方と貸方の合計、残高の合計が等しくなることを確認ください。

1月1日　期首の残高

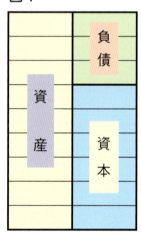

図1

1月1日、まだ取引が開始されていない時の「試算表」の数字です。資産の合計が9単位、負債の合計が3単位、資本の合計が6単位となっており、借方合計と貸方合計が等しく、図1のように借方残高の合計と貸方残高の合計が等しくなります。

借方残高	借方合計	勘定科目	貸方合計	貸方残高
9	9	資産		
		負債	3	3
		資本	6	6
9	9		9	9

資産は9単位あって（借方合計－9）、9単位残っている（借方残高－9）
負債は3単位あって（貸方合計－3）、3単位残っている（貸方残高－3）
資本は6単位あって（貸方合計－6）、6単位残っている（貸方残高－6）

1月4日　肥料を3単位購入

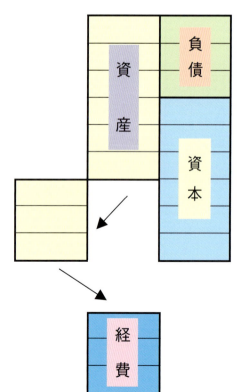

図2

1月4日に肥料を現金で3単位購入しました。資産の現金が3単位出ていきますから、資産の右側（貸方）に3単位が記入されます。図2のように資産（現金）の残高は6となります。一方、現金を払って経費（肥料費）になるものを手に入れたので、経費（肥料費）の借方合計に3単位が記入され、借方残高も3となります。借方合計は12単位となり貸方合計の12単位と等しく、借方残高は9単位となり貸方残高9単位と等しくなります。

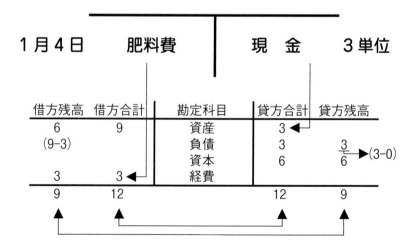

1月5日 5単位売上げる

図3

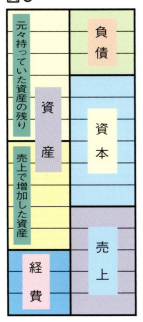

1月5日、売上げて資産（現金）が5単位入ってきました。図3のように売上げたので右側（貸方）の売上に5単位が記入され、貸方残高にも5単位が入ります。一方、資産（現金）が5単位増えましたので、9単位に5単位が足され借方合計は14単位となります。このため、借方合計の14単位から貸方合計の3単位を引くと、借方残高は11単位になります。

この結果、借方合計は17単位となり、貸方合計も17単位で等しくなります。また、借方残高は14単位、貸方残高も14単位で等しくなります。

1月5日		現　金	売上高	5単位
借方残高	借方合計	勘定科目	貸方合計	貸方残高
11	14	資産	3	
(14-3)	(9+5)	負債	3	3
		資本	6	6
		売上	5	5
3	3	経費		(5-0)
14	17		17	14

貸借科目と損益科目に分ける

借方残高	借方合計	勘定科目	貸方合計	貸方残高
11	14	資産	3	
		負債	3	3
		資本	6	6
		繰越利益	2	2
11	14		14	11

◎貸借対照表

「試算表」の資産、負債、資本の下側線で切って集計したものが「貸借対照表」です。繰越利益分を入れると、図4のように合計も残高も等しくなります。

図4

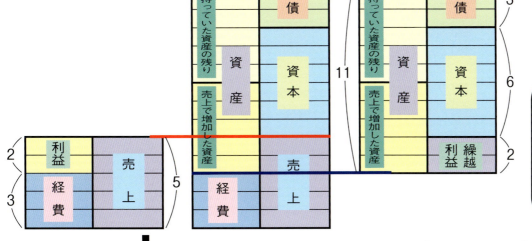

> 繰越利益と利益が等しくなることを確認してください。

◎損益計算書

売上の上側線で切って集計すると「損益計算書」が作成されます。利益分を入れると経費と利益の合計は図4のように売上高の残高と等しくなります。

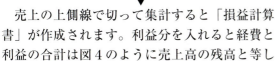

2-14 精算表を作成する

試算表を作成した後に精算表を作成します。精算表では貸借科目と損益科目に分けることを目的としています。

貸借科目と損益科目に分けて集計

残高試算表の勘定科目のうち、貸借科目と損益科目に分けて集計をし直します。集計し直した表を「精算表」と呼びます。前ページ（31ページ）の図4の操作をしています。

勘定科目名	残高試算表 借方	残高試算表 貸方	貸借科目 借方	貸借科目 貸方	損益科目 借方	損益科目 貸方
現　　　金	200,000		200,000			
普 通 預 金	700,000		700,000			
定 期 預 金	0		0			
その他預金	0		0			
売 掛 金	150,000		150,000			
未 収 金	0		0			
建　　　物	0		0			
建物付属設備	1,500,000		1,500,000			
構 築 物	0		0			
機 械 装 置	800,000		800,000			
車両運搬具	800,000		800,000			
器 具 備 品	0		0			
事 業 主 貸	4,000,000		4,000,000			
買 掛 金		100,000		100,000		
短期借入金						
未 払 金						
長期借入金		1,500,000		1,500,000		
事 業 主 借						
元 入 金		2,300,000		2,300,000		
控除前所得						
売 上 高		9,500,000				9,500,000
家事消費高		250,000				250,000
種 苗 費	500,000				500,000	
肥 料 費	800,000				800,000	
飼 料 費	0				0	
農 薬 費	300,000				300,000	
減価償却費	900,000				900,000	
専従者給与	2,000,000				2,000,000	
雇 人 賞 与	0				0	
雇 人 費	0				0	
荷 造 運 賃	1,000,000				1,000,000	
販売手数料	0				0	
雑 費	0				0	
利　益（繰越利益）				4,250,000	4,250,000	
合計			8,150,000	8,150,000	9,750,000	9,750,000

損益の利益425万円と貸借の繰越利益425万円は等しくなっています。

2-15 貸借対照表と損益計算書

複式簿記を行った結果として、「貸借対照表」と「損益計算書」が作成されます。

振替伝票（仕訳伝票）の作成→元帳への転記→試算表の作成→精算表と順を追って複式記帳を行うことで最後に「貸借対照表」と「損益計算書」が手に入れられます。ここでは、「貸借対照表」と「損益計算書」について解説をします。

貸借対照表（バランスシート　B/S）とは

図1

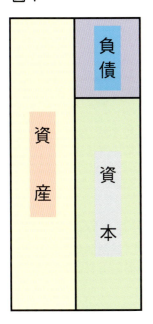

「貸借対照表」は貸借科目を集計した一覧ですが、図にすると、図1のようになります。現在持っている財産（資産）が借金でできている部分（負債）と私の努力によってできている部分（資本）の割合がどのようになっているかを知らせてくれます。

資産が負債でできている部分と資本でできている部分のバランスを知ることができるのでバランスシート（Balance Sheet）とも呼ばれます。これにより、経営の安全性などが分かるようになります。

損益計算書（プロフィット　ロス　ステートメント　P/L）とは

図2

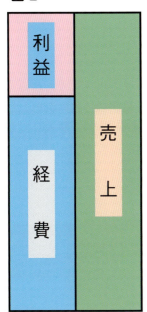

「損益計算書」は損益科目を集計した一覧ですが、図にすると、図2のようになります。1年間の売上とかかった経費から今年利益が出たのか、損失を出したのかが分かります。

利益をプロフィット（Profit）といい損失をロス（Loss）ということから、損益計算書はプロフィット・ロス・ステートメント（Profit Loss Statement）といいます。

2-16 基本的な流れは以上です

基本的な流れ以外に実際に記帳していく場合、いくつかの特別な記帳があります。

実際の記帳では

第2章では、「伝票」から「貸借対照表」と「損益計算書」を作成するまでを、複式の基本的な考え方を含めて説明してきましたが、実際の記帳では、日常の取引の他に行わなければならないことがいくつかあります。

また、日常の取引でも掛け取引など現金や普通預金以外の取引が数多くあります。

こうした取引については、次章の演習で一つ一つ学んでいきますが、どんな取引があるかをここにまとめておきます。

減価償却とは

10万円以上の農具などを購入した場合は、購入した年にすべての金額を経費として計上することができません。

一度資産として取得処理し、決められた期間を通じて、年末に（決算修正）その年の経費に回せる金額を減価償却費として経費に計上していきます。

決算修正とは

前記の減価償却と同じように、1年に1度、期末日（12月31日付）に記帳する取引があります。こうした取引を決算修正取引といいます。減価償却の他に、棚卸、家計費のあん分、家事消費、育成資産の振替などの取引の記帳を行います。

事業主貸・事業主借

個人事業の場合、仕事のお金と家庭のお金をきちんと区分することはなかなかできません。しかし、簿記記帳をしているお金は仕事のお金です。家庭と仕事の間で動いたお金は、家庭と仕事の間で動いたことを記録していかなければいけません。このために、「事業主貸」と「事業主借」勘定科目を使って記帳します。

掛け取引（売掛・買掛）

売上げてすぐに現金や普通預金にお金が入らない取引、また購入したもののその場で現金などの支払を行わない取引もあります。こうした取引は「掛け取引」と呼ばれます。売上げてすぐにお金が入ってこない取引を「売掛取引」、購入してもすぐにお金を払わない取引を「買掛取引」といいます。

こうした取引があることを、頭の隅に止めておいてください。

第3章

伝票による複式簿記の演習

手書きでの振替伝票の作成演習を行います。次の順序で行います。

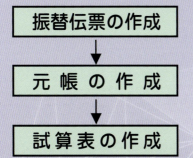

振替伝票の作成：現金出金から借入金の返済など特殊な仕訳も含めて様々な取引ごとに振替伝票に記入していく学習をします。

元帳の作成：振替伝票を作成するごとに、元帳に転記し、元帳を作成します。

試算表の作成：元帳で計算された各勘定科目ごとの年度末残高を一覧にします。借方／貸方合計、借方／貸方残高を計算します。

精算表の作成：試算表の残高を損益計算書勘定科目と貸借対照表勘定科目に分けて集計をし直します。

3-1 現金で購入した場合

農作物を生産し売るために必要な肥料や苗などの資材やサービスを現金で購入した場合の仕訳を学習します。

領収書

現金で資材やサービスを購入した場合、お金の支払いとともに領収書が手渡されます。領収書があるということは、多くの場合、その領収書に書かれた内容のものを、現金を支払って手に入れたこととして、現金の支払を行った振替伝票（仕訳伝票）を作成します。

貸方（右側）に現金、借方（左側）に購入したものの経費科目など

現金を支払って種苗を購入したので、右側（貸方＝出ていく側）に資産グループの勘定科目「現金」を記入します。左側（借方＝入ってくる側）には、経費になるものとして手に入れたので経費グループの勘定科目「種苗費」を記入します。

日付　1月4日

借　方		摘　要	貸　方	
金額	科目	NO	科目	金額
15,000	種苗費	種苗を購入	現金	15,000
15,000				15,000

演習1

本書の別冊4ページに領収書が6枚あります。その領収書から振替伝票を作成してみましょう。上から右→左と記録してください。

また、作成した振替伝票を別冊演習用元帳に転記してください。

預金をした時

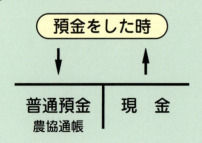

預金をすると現金が減りますが、一方で預金通帳残が増加します。この場合、貸方（出ていく側＝資産が減少する側）に「現金」が、借方（入ってくる側＝資産が増加する側）に資産勘定グループの「普通預金」が記入されます。普通預金には通帳名も書いておきましょう。

3-2 現金が入ってきた場合

庭先で直売を行うなど現金が手に入った場合の仕訳を学習します。

庭先で販売

庭先で農作物を販売した場合、生産した農作物が自分のところから出ていく代わりに、現金が手に入ります。自分のところから農作物が出て、お金が入る取引ですが、農作物が出ていくことが売上げるということです。

貸方（右側）に売上高、借方（左側）に手に入った現金

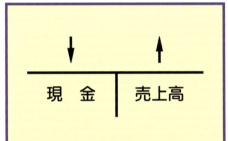

売上げて農作物が出て、現金が入ってきた取引ですので右側（貸方）に売上グループの勘定項目「売上高」を記入します。左側（借方）には、現金が手に入ったので「現金」を記入します。

日付　1月9日

借 方		摘　要	貸 方	
金額	科目	NO	科目	金額
3,000	現　金	農作物を出荷	売 上 高	3,000
3,000				3,000

演習2

本書の別冊4ページに庭先販売のメモがあります。その庭先販売の記録から振替伝票を作成してみましょう。

また、作成した振替伝票から別冊演習用元帳に転記してください。

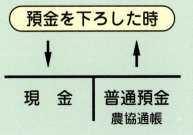

預金を下ろした時

預金を下ろすと預金通帳残が減ります。一方で、預金通帳の減った金額と同じ額の現金が増えます。この場合、右側・貸方（出ていく側＝資産が減少する側）に資産グループの勘定科目「普通預金」が記入されます。左側・借方（入ってくる方＝資産が増加する側）は資産グループの「現金」が記入されます。

3-3 預金から出金した場合

肥料や苗など生産し売るために必要な資材やサービスを預金から出金して取得した場合の仕訳を学習します。

預金出金

肥料などを農協から購入した時、通帳から引落になる場合の取引です。預金通帳の「お支払い金額」欄の取引のうち、資材を購入した場合などがこの取引にあたります。

貸方（右側）に普通預金、借方（左側）に購入したものの経費科目など

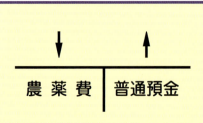

普通預金から引落になって農薬を購入したときの仕訳です。右側（貸方＝出ていく側）に資産グループの勘定科目「普通預金（農協通帳）」を記入します。
　左側（借方＝入ってくる側）に経費になるものとして手に入れたので経費グループの勘定科目「農薬費」を記入します。

日付　1月8日

借方		摘要	貸方	
金額	科目	NO	科目	金額
15,000	農薬費	農薬を購入	普通預金（農協通帳）	15,000
15,000				15,000

演習3

　本書の別冊5ページに掲載している通帳の中の2番から9番までの取引を振替伝票に記帳してください。
　また、作成した振替伝票から別冊演習用元帳に転記してください。

3-4 預金に入金した場合

売上などにより預金に入金された場合の仕訳を学習します。

預金入金

共販などでの売上は普通預金（貯金）に入金されます。こうした普通預金に入金された場合の取引です。預金通帳の「預り金額」欄に、金額が書かれている取引です。共販の場合はシーズン終了後に共販の精算書が届きます。共販精算書の仕訳も忘れないようにしてください。（共販でも、出荷ごとに売り立て書が作成される場合もあります。この時は、売掛取引も参考にしてください）

貸方（右側）に売上高、借方（左側）に入金された普通預金

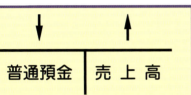

売上げて普通預金に入金されたので、左側（借方）に資産勘定グループの「普通預金（農協通帳）」を記入します。

売上げることは、栽培した農作物を出すことになるので、右側（貸方）には、売上グループの勘定科目の「売上高」を記入します。

日付　1月13日

借方		摘　要	貸方	
金額	科目	NO	科目	金額
300,000	普通預金（農協通帳）	農産物を出荷	売上高	300,000
300,000				300,000

演習4

本書の別冊5ページの預金通帳中の、10番から13番までの内容を振替伝票に記入してください。なお、共販なので、後で共販の精算書が送られてきました。別冊8ページの共販精算書も下を参考に1月17日付で振替伝票を作成してください。また、作成した振替伝票から別冊演習用元帳に転記してください。

共販手数料などの扱い

通帳に入金される金額は、実際の売上高から販売手数料などの経費を抜いた手取り金額になっています。この金額だけを売上として計上していると、売上高が足りなくなってしまいます。また、一方で、販売手数料などの記録が残らなくなってしまいます。振替伝票は、売上分が経費（受けたサービス）に変わったとして記帳します。

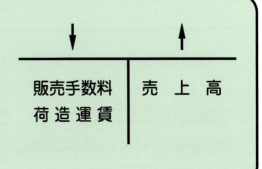

3-5 仕事のお金を家庭に（家庭へ）

仕事の通帳から本来家庭から払うべきお金が出て行ってしまった場合です。「家庭へ」は「事業主貸」を使います。

事業主貸は常に左側（借方・入る）

現在記帳しているお金はすべて仕事のお金です。仕事のお金の一方には、家庭のお金があります。

しかしながら、個人で仕事をしていると、なかなかきちんと仕事のお金と家庭のお金を区別しておくことはできないのが実際です。

このため、仕事用として使用している預金通帳から本来家庭から払うべき国民健康保険や市民税などのお金が出て行くことが珍しくはありません。

家庭用に使ったお金だからと、記帳しないでいると、12月31日付けの仕事用の普通預金の通帳残高と元帳残高が合わなくなってしまいます。

このため、仕事の通帳から本来家庭から払うべきお金が出たときは、仕事のお金が家庭に移動したという形で記帳しておきます。

この時使用する勘定科目は、資産勘定グループの「事業主貸」です。ですから、事業主貸は常に左側（借方）にしか出てきません。

事業主貸――家庭へ

　家庭から払うべきお金が仕事の通帳から出たときは、仕事のお金が家庭に移動したという振替伝票を作成します。この時「事業主貸」（資産勘定）という勘定科目を使います。

家庭からの払いとなるもの（仕事の経費にならないもの）

　授業料や農協からみそ・醤油などを購入し、仕事の通帳から支払った場合、また国民健康保険や年金が引落になった場合、これらは本来家庭から払うお金ですので、「事業主貸」を使って仕訳を行います。

　これ以外に、市民税や母屋の固定資産税も家庭から本来払うお金（仕事の経費にならない）になります。これらについても仕事の通帳などから支払われた場合「事業主貸」を使って仕訳をします。

　また、定期的に家庭でお子さんの進学用に行っている積立金に仕事の通帳から振り替える場合も、家庭に仕事のお金が行ったことになるので、「事業主貸」を使用します。

　税務申告で、確定申告書の控除欄に書かれる出金（国民健康保険や国民年金など）も家庭から個人が支払うお金です。仕事用の通帳から出金された場合、「家庭へ」お金を移動したことにして、「事業主貸」を記入します。

貸方（右側）に普通預金・借方（左側）に家計としての事業主貸

　仕事の通帳から、子供の授業料が引落になりました。本来家庭から払うべきお金が仕事の通帳から落ちてしまったので、仕事のお金が家庭に行ったことにします。

　右側（貸方）には「普通預金」を記入します。左側（借方）には、家庭へなので「事業主貸」を記入します。

　摘要文には、授業料と書いておくとどのような内容で家庭に行ったのかが後でも確認できます。

日付　1月17日

| 借　方 || 摘　要 | 貸　方 ||
金額	科目	NO	科目	金額
30,000	事業主貸	預金を家計費に（授業料）	普通預金（農協通帳）	30,000
30,000				30,000

演習5

　本書の別冊5ページの預金通帳中の、14番から19番までの内容を振替伝票に記入してください。ただし、この中には、事業主貸を使用しない取引（19番）も含まれています。経費になるものとならないものをもう一度確認していただくためです。

　また、作成した振替伝票から別冊演習用元帳に転記してください。

　19番は、経費になりますので左側（借方）には、経費科目を記入します。また、取引区分も預金出金を選択します。

現金を家庭用に使った場合

　市場出荷の精算により支払われた現金は仕事の現金です。このお金で、家族で食事に行き、支払った場合も、事業主貸で、お金を家庭に動かしておくことが必要になります。

　そうしておかないと、帳面上の現金の残高と実際に持っている現金の残高が合わなくなってしまうからです。毎回記帳するのが大変でしたら、月ごとに、帳面上の現金の残高と持っている現金の残高を計算して差額を事業主貸で振り替えておきます。

3-6 家庭のお金を仕事へ（家庭から）

家庭のお金を仕事に使った時は事業主借を使います。

事業主借は常に右側（貸方）

　お子さんの進学準備などのために、家庭でお金を積み立てている方も少なくないでしょう。こうした家庭で積み立てたお金が仕事で必要になることもよくあることです。

　トラクターを購入しようとしたとき、仕事のお金、普通預金や現金を足してもトラクターを購入する金額に足りてないときは、家庭の定期積立金を崩して購入することも少なくありません。

　家庭での定期を崩したお金そのままで支払い、領収書をもらって、トラクターを購入した伝票を作成すると、領収書ですから現金で支払った伝票になり、元帳の現金残高は場合によってはマイナスになってしまいます。

　その前に、家庭の積立金を崩して現金にしてトラクターの購入に使ったのですから、家庭のお金を仕事に移動した（仕事の現金にした）伝票を作成しておかないといけません。

　こうした、家庭のお金を仕事のお金に移動したときに使う勘定科目が「事業主借」です。ですから「事業主借」は右側（貸方）にしか出てきません。例題では、家庭のお金を普通預金に入金した場合です。この時も家庭から普通預金へ入金したので右側が「事業主借」になります。

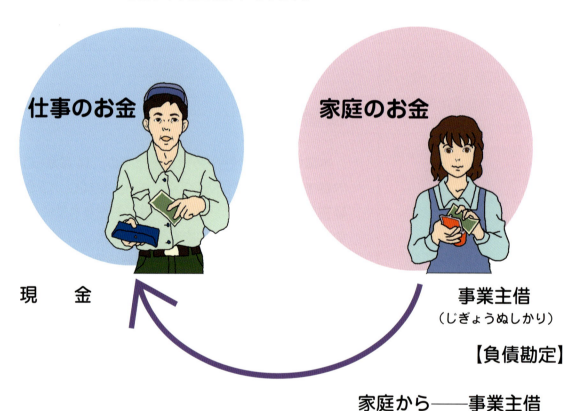

仕事のお金　　　　家庭のお金

現　　金　　　　事業主借
　　　　　　　　（じぎょうぬしかり）

【負債勘定】

家庭から──事業主借

> 仕事に使うお金を家庭から持ってきた場合です。この時は、家庭のお金を仕事のお金にしたという振替伝票を作成します。

貸方（右側）に売上高、借方（左側）に手に入った現金

●家庭から仕事の預金に入金した場合

日付　1月23日

借　方		摘　要	貸　方	
金額	科目	NO	科目	金額
50,000	普通預金 (農協通帳)	家庭より預金振込	事業主借	50,000
50,000				50,000

●税金のかからないお金が入金になった場合

日付　1月24日

借　方		摘　要	貸　方	
金額	科目	NO	科目	金額
100	普通預金 (農協通帳)	預金金利が入金	事業主借	100
100				100

家庭のお金を仕事の普通預金に入金しました。

家庭から移動するので、家計費にあたる勘定科目「事業主借」を、右側（貸方）に記入します。

家庭からお金が移動して仕事の普通預金が増えたので、普通預金を左側（借方）に記入します。

演習6

本書の別冊5ページの預金通帳中の20番、21番の振替伝票を作成してください。また、作成した振替伝票から別冊演習用元帳に転記してください。

税金のかからないお金（利息など）が通帳などに入ってきたときも「事業主借」を使います

　仕事用の通帳に、利息が付いてお金が入金になりました。この時、左側（借方）には普通預金が記入されます。さて右側（貸方）にはどのような勘定科目が入るでしょうか。受取利息という勘定科目を記入したとしましょう。受取利息は、収益の勘定科目、すなわち売上グループに入る勘定科目です。ですから、受取利息では、他の売上高などと合計されてその年の収入となり、課税対象になります。

　ところが、入金された利息は分離課税といって、すでに税金分が引かれており課税の対象とならないお金なのです。

　法人では、受取利息で記帳しておいても、税務申告時にその分を税金の対象から抜く操作ができるのですが、個人の青色申告ではこうした操作がありません。そのため、記帳の時に、税金のかからないお金が入ってきたということで、右側（貸方）には「事業主借」を記入します。

　農協の信用事業利用高配当や出資配当金なども同じ性格のお金ですので、「事業主借」を使って、仕訳をします。

3-7 売掛取引（すぐに入金しない取引）

販売したもののすぐに支払われなかった時です。現金や普通預金の代わりに「払ってくれる約束」をもらったことにします。

農産物を出荷してすぐにお金が入ってこない場合（売掛金）

売掛金の発生

農産物を出荷したもののすぐにはお金が入ってこなかった場合の取引です。図のように7月1日に販売したものの、お金は8月30日に入金されています。野菜などで量販店との契約販売ではよく見られる販売・回収（払ってくれる約束がお金に替わる取引）のパターンです。

従来は、お金が入った日に販売したことにするなどの操作をして記帳していましたが、これでは、農産物の収穫時期とずれてしまったりして、実態に合わない取引の記帳となっていました。また、入金だけで記帳をしていると、売上高のうち経費に使われた分の記帳を忘れてしまうことが少なくありません。

このため、販売したその日に伝票に記帳しておこうというわけです。右側（貸方）には農産物を販売したので勘定科目「売上高」を記帳しますが、左側（借方）には現金にも普通預金にもお金は入ってきません。そこで、「払ってくれる約束」をもらったことにし、「払ってくれる約束」の勘定科目として、「売掛金」を記入します。また、同時に支払った経費分も記帳して左右の金額が合うようにします。

売掛金の回収

8月30日に支払いが行われたのですが、左側（借方）には普通預金に入金されたのであれば勘定科目の「普通預金」を記入します。

一方、右側（貸方）にはお金が支払われたので、販売したときに貰っていた「払ってくれる約束」を返すことにします。「払ってくれる約束」が「売掛金」でしたので、「売掛金」を右側（貸方）に記入します。

こうした販売と入金の間で期間をおいた取引を「売掛金」という勘定科目でつなぐ取引を売掛取引といいます。

図
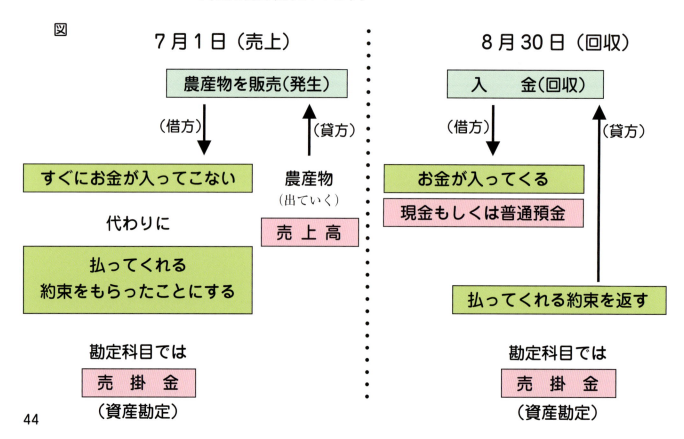

売掛の発生は貸方（右側）に売上高、借方（左側）に売掛金

売掛金の発生

```
      ↓        ↑
   売掛金  │  売上高
```

売上げたものの現金や預金にお金がすぐに入ってきませんでした。このため、左側（借方）には「払ってくれる約束」資産グループの勘定科目、「売掛金」を記入します。実際の記帳では経費分も忘れずに記入しましょう。

売掛の発生（経費の支払い含む）

日付　1月17日

借方		摘要	貸方	
金額	科目	NO	科目	金額
176,000	売掛金（野菜市場）	売上が売掛金に（野菜市場）	売上高	216,000
21,000	販売手数料	売上から販売手数料支払い		
19,000	荷造運賃	売上から輸送費支払い		
216,000				216,000

売掛金の金額が売上高のうちの手取分です。

売掛の回収

日付　1月26日

借方		摘要	貸方	
金額	科目	NO	科目	金額
360,000	普通預金（農協通帳）	売掛金が入金（野菜市場）	売掛金（野菜市場）	360,000
360,000				360,000

売掛金の回収

```
      ↓        ↑
  普通預金  │  売掛金
```

期間をおいた後、「払ってくれる約束」になっていたお金が、普通預金に入ってきました。この場合、左側（借方）に「普通預金」が、右側（貸方）にお金が入ってきたので、「払ってくれる約束」を返すという意味で「売掛金」を記入します。

演習7

本書の別冊6ページの売り立て書の例題から振替伝票を作成してください。また、別冊8ページの生乳の精算書より、1月31日付で振替伝票を作成してください。

また、別冊5ページの普通預金の22番から24番の売掛金の回収の振替伝票を作成してください。作成した振替伝票は別冊演習用元帳に転記してください。

売掛での売上と経費の扱い

個販（個人販売）で市場に出荷した場合、支払われるお金は、委託販売なので市場の手数料や輸送費などの経費分が引かれた金額になります。これを記帳するためには右のような仕訳を行います。

6万円売り上げた中で、経費として5千円かかっているとすると、売上高の中の5万5千円が売掛金に、5千円がこの場合は、経費の勘定科目「販売手数料」または「荷造運賃手数料」となります。

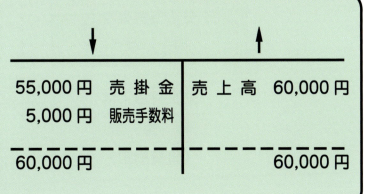

3-8 買掛取引（すぐに出金しない取引）

資材などを購入したもののすぐに支払をしなかった時です。現金や普通預金の代わりに「払う約束」を渡したことにします。

資材などを購入してすぐに支払いを行わなかった場合（買掛金）

　　農協などから資材などを購入したもののすぐにお金を払わなかった時の取引が買掛取引です。

　　従来だと、お金を払った日に購入したことにすることが行われていましたが、肥料ではすでにほ場に散布した後に購入したことになって、実態と合わない取引の記帳となってしまうことも少なくありません。

　　きちんと実態に合わせようとすると、支払を行っていなくても、購入した時点で取引を記帳しておきたいものです。

　　この、購入したもののまだお金を払っていないという仕訳では、左側（借方）に購入したものを、右側（貸方）には「払いますよという約束」を記入しておきます。この、物やサービスを購入したときに行う「払いますよという約束」は借金をしたということになりますから、負債勘定グループの勘定科目、「買掛金」を使います。

　　一方、返済（精算：買掛という借金の返済）を行ったら、右側（貸方）に支払ったお金、現金や普通預金が記入され、左側（借方）には、借金を返したので相手に渡した払いますよという約束を取り戻す（払う約束がなくなる－借金が減る）意味で、「買掛金」が記入されます。

図

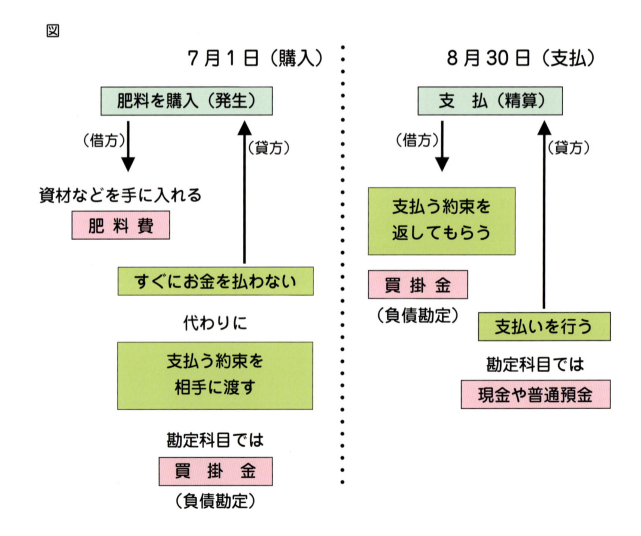

買掛の発生は貸方（右側）に買掛金、借方（左側）に購入品

買掛の発生（購入）

資材やサービスを購入したもののすぐにお金を払いませんでした。肥料を購入した場合、左側（借方）に肥料費を記入します。右側には「払う約束」の勘定科目、「買掛金」を記入します。

買掛の発生（購入）

```
肥料費 | 買掛金
 ↓    |  ↑
```

買掛の発生（購入）

日付　1月13日

借　方		摘　　要	貸　方	
金額	科目	NO	科目	金額
33,000	肥料費	肥料を買掛 （有機配合）	買掛金 （農協）	33,000
33,000				33,000

買掛の精算（返済）

日付　1月28日

借　方		摘　　要	貸　方	
金額	科目	NO	科目	金額
120,000	買掛金 （農協）	買掛を支払	普通預金 （農協通帳）	120,000
120,000				120,000

買掛の精算（返済）

期間をおいた後、支払を行います。

普通預金から払った場合、右側（貸方）に「普通預金」を記入します。左側（借方）には、渡しておいた「払う約束」を返してもらうので「買掛金」を記入します。

```
買掛金 | 普通預金
 ↓    |   ↑
```

演習8

本書の別冊7ページの請求明細より買掛の振替伝票を作成してください。また、別冊5ページの普通預金中の25番の買掛の返済の振替伝票を作成してください。また、作成した振替伝票から別冊演習用元帳に転記してください。

買掛で家庭用に購入した場合

農協より購入した場合、資材だけでなく、家庭用品を購入することも少なくありません。こうした場合は、右側（貸方）に買掛金が記入されるのは同じですが、左側（借方）には"家庭へ"なので、「事業主貸」が記入されます。

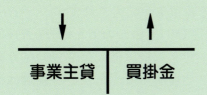

事業主貸 | 買掛金

負債の発生時、負債勘定科目は常に右側（貸方）

短期借入を行って、現金が入金した場合、負債の発生ですので、負債の勘定科目が右側（貸方）に入ります。ここでは、短期借入ですので、負債グループの勘定科目、短期借入金を右側（貸方）に記入します。また、現金が入金になったので左側（借方）に現金を記入します。

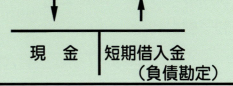

現　金 | 短期借入金
（負債勘定）

3-9 借入と返済

借入を行った時とその借入を返済した時の記帳です。
出金には元本分（負債）と利息分（経費）があります。

借り入れた金額が元本、返済は元本と利息の合計

お金を借り入れた場合、借入時の振替伝票を作成しなければなりません。借入を行ったということは負債が発生したことになります。負債は、相手に返しますという約束を渡すことなので、長期借入金や短期借入金の勘定科目は右側（貸方）に記入します。一方、借入により現金や普通預金にお金が入ってきますので、左側（借方）にこれらの勘定科目が記入されます。借り入れたお金は元本です。

また、返済時には借り入れたお金の返済（元金の返済）と利息の支払（利子割引料）を記入します。

長期借入金の発生は貸方（右側）に長期借入金、借方（左側）に普通預金

演習9

別冊5ページの通帳、26番、27番、28番の振替伝票を作成してください。

借入時

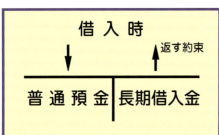

負債の発生（借入）は、「相手に返す約束」を渡して、現金や普通預金などお金を手に入れることです。長期借入を行って普通預金にお金が入った場合、右側（貸方）に1年以上かけて返す約束の「長期借入金」を記入します。左側（借方）に「普通預金」を記入します。

借入時

日付　1月29日

借　方		摘　要	貸　方	
金額	科目	NO	科目	金額
3,000,000	普通預金（農協通帳）	長期借入をする	長期借入金（トラック用）	3,000,000
3,000,000				3,000,000

借入金の返済

日付　1月30日

借　方		摘　要	貸　方	
金額	科目	NO	科目	金額
100,000	長期借入金（トマト温室用）	長期借入金を返済（元本）	普通預金（農協通帳）	150,000
50,000	利子割引料	利息の支払い		
150,000				150,000

借入金の返済

返済は、借り入れた金額（元本部分）の返済と借入のコストにあたる利息分の返済の記帳をしなければいけません。

長期借入金の返済では、普通預金から返済することが普通ですので、右側（貸方）に普通預金が記入されます。

元本は、借り入れた金額部分の返済なので左側（借方）には「長期借入金」を記入します。元本返済は借入金額分の払う約束を取り戻す（借入金の減少）と理解してください。利息は、営業外経費にあたる「利子割引料」を左側（借方）に記入します。

3-10 専従者給与の支払（源泉税）

専従者給与を支払った時の記帳です。事業主には源泉税徴収の義務がありますので、源泉税分預かりの記帳もします。

源泉税の徴収義務

事業を行っていて、雇用人に対して給与を払ったり、専従者給与を払っている場合、事業主には、支払った人の源泉税徴収の義務があります。（年給与103万円以下の場合、所得税が生じないため、源泉徴収の必要はありません）

給与が支払われた雇用人や専従者は所得が得られたので所得税の納入義務が発生します。この所得税が確実に納められるようにするため、事業主が源泉税分の金額を給与支払時に預かっておいて、確実に納入します。これを事業主の源泉徴収義務といいます。

15万円を専従者給与と決めた場合、15万円すべてを支払うことはできません。源泉税預かり分を除いた金額を支払います。

支払の伝票と合わせて、この預かり分を含めて振替伝票も作成します。預かったお金は専従者給与をもらう方のお金ですので負債グループの勘定科目、「預り金」を使用します。支払金額と預かり分の金額を合計して、決めた15万円という金額になるようにします。源泉税の納入は預かっていたお金で代わって納めるので、納める形で預かっていたお金を返したということになります。「預り金」は支払給与によって変わりますので国税庁のホームページなどを参照してください。

2023年10月現在、15万円の給与に対する国税庁源泉徴収税額での源泉税額は2,980円です。

専従者給与の発生は借方（左側）に専従者給与、貸方（右側）に現金と預り金

専従者給与を現金で支払った場合、右側（貸方）には「現金」を記入します。左側（借方）は「専従者給与」を記入します。現金の金額は源泉税分を除いた金額になります。専従者給与の金額は、お互いに決めた金額です。

次いで、預かった分を記入します。右側（借方）に負債グループの勘定科目、「預り金」を記入します。

源泉分の預かり

日付　1月30日

借　方		摘　要	貸　方	
金額	科目	NO	科目	金額
150,000	専従者給与	専従者給与支払い	現　金	147,020
		源泉税預かり	預り金	2,980
150,000				150,000

源泉税の納入（半年分です）

日付　7月10日

借　方		摘　要	貸　方	
金額	科目	NO	科目	金額
17,880	預り金	源泉預かりを納める	普通預金（農協通帳）	17,880
17,880				17,880

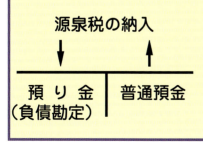

源泉税を納入することは、預かったお金を返すことになります。左側（借方）が預り金です。右側（貸方）は、引落の場合「普通預金」になります。

演習10 別冊9ページの専従者給与の支払の振替伝票を作成してください。また、作成した振替伝票から別冊演習用元帳に転記してください。

3-11 10万円以上の資材等を購入した場合

農業経営のために様々な取引を行います。取引は一方向でなく双方向です。ここでは取引の双方向性取引の二重性を学びます。

10万円以上の温室やトラックを購入したときは

肥料や農薬を購入した場合は、複式簿記記帳の原理1（22ページ）でも説明したように、資産が減る分、経費が増加します。

法定耐用年数の期間をかけて経費に

しかし、我が国では現在、10万円以上のもの、トラクターや温室を取得した場合、購入した年にすべての金額を経費として計上することができません。こうした資材は、何年もかけて収益を生むため、資産として計上し、経費にあげる場合も何年もかけて経費とします。そのため資材ごとに、決められた法定耐用年数の期間の間、毎年、12月31日付けで減価償却費として経費に計上します。

ですから、10万円以上の資材（資産）を購入した時の振替伝票では、左側（借方）には経費グループの勘定科目は使いません。

購入時は、現金や普通預金資産と固定資産を交換

資産としての現金や普通預金が出ていった代わりに、トラクターなどの資産が手に入ったという形の振替伝票を作成します。ちょうど、現金や普通預金という資産とトラクターという資産を交換したという形になっています。

こうしたトラクターなどの資産を固定資産といいます。固定資産は、その内容により、温室など屋根のある資産である「建物」、屋根のない資産である「構築物」、トラクターなどの農業機械は「機械装置」、トラックなどは「車輌運搬具」、搾乳牛などの「果樹牛馬」等の勘定科目が使用されます。

↓	↑
車輌運搬具	現　金

現金を支払ってトラックを購入したとします。現金を支払ったので、右側（貸方）に「現金」を記入します。左側（借方）には、資産グループの固定資産の勘定科目、「車輌運搬具」を記入します。

日付　1月31日

借　方		摘　要	貸　方	
金額	科目	NO	科目	金額
2,800,000	車輌運搬具	トラックを購入	現　金	2,800,000
2,800,000				2,800,000

演習11

別冊9ページのトラックを購入した振替伝票を作成してください。次ページ下のコラムを参照し、税金分、共済分も合わせて作成します。

また、別冊演習用元帳への転記も行ってください。

トラクター購入時

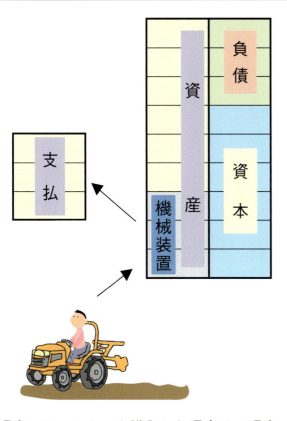

現金でトラクターを購入した場合は、現金の資産が減る代わりにトラクターという資産（機械装置）が増加しています。

肥料購入時

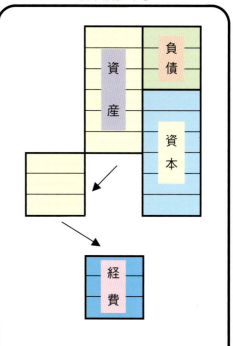

肥料などを購入したときは、資産が減る代わりに、経費が増加しています。

10万円以上20万円未満の資産を購入した場合

10万円以上20万円未満の資産では、償却期間は3年で月割にせず、初年度から購入金額の3分の1が費用に計上できます。（3年均等償却）

車輌運搬具取得時の保険金と税金の支払い

日付　1月31日

借　方		摘　要	貸　方	
金額	科目	NO	科目	金額
2,800,000	車輌運搬具	車輌運搬具を購入	現　　金	2,890,000
50,000	租税公課	車輌購入時税金		
40,000	共済掛金	車輌購入時保険		
2,890,000				2,890,000

租税公課 共済掛金	現　　金

車輌運搬具を購入した場合、車輌本体の支払いとともに、保険金と税金の支払が発生します。税金は「租税公課」の勘定科目を使い、保険は「共済掛金」の勘定科目を使って記入します。

3-12 決算修正（減価償却）

固定資産として購入された建物などは、年末に本年経費に回せる金額を計算し、減価償却費として計上します。

図　240万円のトラクターを購入した場合（2007年4月1日以降の定額法で行います）

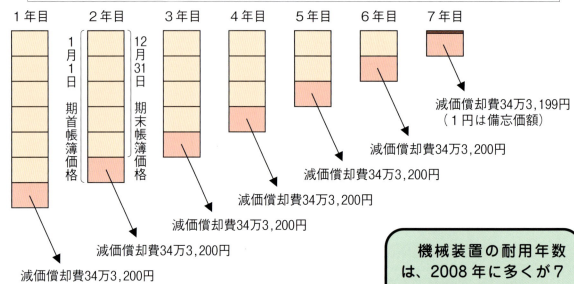

> 機械装置の耐用年数は、2008年に多くが7年に変更になりました。

減価償却の仕組みと新制度

　10万円以上の資産を購入した場合、それぞれの資産ごとに決められた期間（耐用年数）をかけて経費に計上します。

　毎年の経費計上額を計算する償却方法は、定額法と定率法があります。個人の事業では、定額法をもちいて計算しますが、少額（10万円以上20万円未満）の場合は、3年一括均等償却法をもちいます。

　平成19年（2007年）4月1日以降に取得した資産は、上図のように、取得時の資産価値から1円（備忘価額）を引いた金額が経費の対象となります。

　平成19年（2007年）3月31日以前に取得をした資産は、取得金額から法定残存率（多くは10％）を引いた金額が償却基礎金額となり、耐用年数期間で経費に計上します。また、最後の年もしくは翌年に、限度残存率（多くは5％）を残し、差額を経費に計上することができます。建物など償却期間の長い固定資産ではまだ旧定額法の資産が残っている場合もあります。

　上図は、新制度での定額償却計算を行っていますので、1年目（1月に取得したので12ヶ月分償却可能）から6年目までは、34万3,200円ずつ経費に計上してます。7年目は1円（備忘価額）を残す形になるので、34万3,199円となります。

　減価償却を経費に計上するのは、12月31日付で、1年に1回だけ行うので、決算修正として伝票を作成します。

　また、すでに償却が終了して5％分が残存している旧定額法による資産については95％償却後、翌年より5％分を5年均等償却を行います。

直接法	減価償却費	機械装置
間接法	減価償却費	減価償却累計額

減価償却の直接法と間接法

　各固定資産から直接減価償却費（経費）に振り替える方法が直接法です。減価償却費を計上するたびに資産の価値が減じます。一方、負債勘定グループに減価償却累計額の勘定科目を作って、累計から減価償却費を計上する方法が間接法です。

日付　12月31日

借　方		摘　要	貸　方	
金額	科目	NO	科目	金額
343,200	減価償却費	機械装置の 減価償却	機械装置	343,200
343,200				343,200

減価償却費 ｜ 機械装置

トラクターのような機械装置の減価償却を行った場合です。固定資産から本年の経費に回る金額が直接出ています。このため、右側（貸方）にトラクターなので「機械装置」が、左側（借方）には経費グループの勘定科目、「減価償却費」が記入されます。

残存価値の経費への振替

法定耐用年数を過ぎても、使用できる機械などは使用が続けられます。この時、これら機械などの価値は、旧定額法では限度残存率をかけた価値をもっています。この５％は、５年かけて１円を残存価額（備忘価額）にするまで５年均等償却が行えますが、処分（除却）した時は、固定資産処分損として経費に計上します。

資産が除去された時は、残存価額分を固資処分損などの勘定科目を使って、経費に振り替えます。これで、購入した資産が100％経費として計上できたことになります。

固資処分損 ｜ 機械装置

トラクターのような機械装置を、法定耐用年数を超えて使用していたものの、年数が経ち買い替えにより使用していたトラクターを処分したような場合です。

残存価額分を経費に計上します。この時、左側（借方）に経費グループの勘定科目、「固資処分損」（固定資産処分損）が、右側（貸方）には処分された資産の勘定科目が記入されます。

日付　８月10日（8月末で残存価値12万円の機械装置を処分した場合）

借　方		摘　要	貸　方	
金額	科目	NO	科目	金額
120,000	固資処分損	機械装置を処分	機械装置	120,000
120,000				120,000

演習12

別冊９ページの減価償却の振替伝票を直接法で作成してください。また、別冊演習用元帳に転記してください。

3-13 決算修正（資材の棚卸）

年内に購入し、経費計上した資材で年内に使用されなかった部分は、経費から外す棚卸を行います。

●昨年度は肥料が4万円分(昨年度農産物以外期末棚卸分)残っていました。

（期首棚卸 → 経費に足す）

6万円分の肥料を経費から抜く（期末棚卸）

購入時の伝票

￥5,000　肥料費　　現　金　￥5,000

￥6,000　肥料費　　現　金　￥6,000

1年間の購入した合計 ￥200,000
だったとします。

決算書

項　　目		金額
経費小計		2,000,000
農産物以外の棚卸	期首	40,000
	期末	60,000
経費合計		1,980,000

経費合計＝経費小計＋期首－期末

図 ●本年12月31日 肥料が6万円分残っていました。（期末棚卸 → 経費から引く）

資材の棚卸とは

資材の期首棚卸（例では4万円）

　前年から繰越され、期首にあった資材など農産物以外の棚卸は、本年に使用されたと考えられますので経費に加算します。この場合、期首の肥料4万円分が経費合計に加算されます。資材の期首棚卸（農産物以外の棚卸・期首）は経費グループに入る勘定科目です。

資材の期末棚卸（例では6万円）

　資材を経費として計上するためには、実際に農作物を作り、販売されるために使用されていなければなりません。図のように1年間購入した肥料費の合計が20万円であったとしても、12月31日に納屋を見に行ったら6万円分の肥料が残っていたとします。

　そこで、期末に残っていた肥料の6万円分を経費小計から差し引きます。資材の期末棚卸は経費グループに入る勘定科目です。

　結果として、この年の肥料費は購入20万円＋期首棚卸4万円－期末棚卸6万円＝18万円となります。このため、経費合計は198万円となっています。

演習13

　別冊9ページの資材の期首・期末棚卸の振替伝票を作成してください。また、別冊演習用元帳に転記してください。

〔期首の資材棚卸〕

```
       ↓            ↑
  ───────────┬───────────
  期 首 棚 卸 高 │ 原　材　料
              │（肥料その他貯蔵品）
```

　前年に残った資材（昨年の期末棚卸で経費から抜かれている）は本年に使用するため、経費に計上します。左側（借方）に「農産物以外期首棚卸高（期首棚卸高）」を記入します。右側（貸方）は昨年末に期末棚卸した資産グループの勘定科目、「原材料」（肥料その他貯蔵品）を記入します。

日付 12月31日

借　方		摘　要	貸　方	
金額	科目	NO	科目	金額
40,000	期首棚卸高	資材の期首棚卸	原材料 （肥料その他貯蔵品）	40,000
40,000				40,000

〔期末の資材棚卸〕

```
       ↓            ↑
  ───────────┬───────────
  原　材　料　 │ 期 末 棚 卸 高
（肥料その他貯蔵品）│
```

　年末に残っていた資材は使われなかったので経費から抜きます。ですから経費グループに入る「農産物以外期末棚卸高（期末棚卸高）」を右側（貸方）に、経費から抜かれた資材はお金と交換しただけの資産とします。ですから、左側（借方）には資産グループの勘定科目、「原材料」（肥料その他貯蔵品）を記入します。

日付 12月31日

借　方		摘　要	貸　方	
金額	科目	NO	科目	金額
60,000	原材料 （肥料その他貯蔵品）	資材の期末棚卸	期末棚卸高	60,000
60,000				60,000

3-14 決算修正（農産物の棚卸）

年内に販売できる農作物が、販売されないまま、年を越した場合、売れたことにする（収穫基準）農産物の棚卸を行います。

| | 令和4年 | 令和5年 | 令和6年 |

決算書

項　目		金額
販売高小計		4,000,000
農産物の棚卸	期首	130,000
	期末	120,000
販売高合計		3,990,000

販売高合計＝販売高小計－期首＋期末

13万円分　　12万円分

令和5年販売可能であった農産物の一部が販売されずに翌年に繰り越した
●昨年末残っていたのが13万円分、本年、令和5年12月31日に残っていたのが12万円です

農産物の棚卸とは

農産物の期首棚卸

　前年残った農産物は、前年度決算修正の「農産物期末棚卸」で売れたことにしていますが、本年実際に農産物はありますから、本年の取引の中で販売され売上として計上されます。ですから、そのままだと、次項の「農産物の期末棚卸」のところで説明するように二重に売上が計上されてしまいます。そこで昨年「農産物期末棚卸高」で計上した分を「農産物期首棚卸」として、昨年の期末分13万円分を本年の売上から控除します。農産物の「農産物期首棚卸高」は販売高から控除する科目であり売上グループの勘定科目です。

農産物の期末棚卸

　年末に残っている売れる状態の農産物は、実際には販売されていませんが、所得税の計算上、庭先価格で時価評価する「収穫基準」により、本年の販売高に加算します。本年度売れる状態の農産物はすべて売れたことになるので、かかった経費もすべて経費として計上できることになり、経費を減らすといった操作をしなくて済むようになります。「農産物期末棚卸」は販売高に加算する科目であり売上グループに入る勘定科目です。

演習14

　別冊9ページの農産物の棚卸の振替伝票を作成してください。また、振替伝票から別冊演習用元帳に転記してください。

〔農産物の
　期首棚卸〕

農産物期首棚卸高	農　産　物
↓	↑

　前年に売れたことにした農産物（資産勘定）は、本年実物があって、販売されますから前年の期末処理だけのままでは売上高が二重になってしまいます。期首棚卸を行って二重にならないようにします。右側（貸方）に「農産物」、左側（借方）には同じ売上グループの勘定科目、「農産物期首棚卸」を記入します。

　売上グループの科目が左側（借方）にくると、それだけ売上が減ったことになります。

日付　12月31日

借　方		摘　要	貸　方	
金額	科目	NO	科目	金額
130,000	農産物期首棚卸高	農産物の期首棚卸	製品（農産物）	130,000
130,000				130,000

〔農産物の
　期末棚卸〕

農　産　物	農産物期末棚卸高
↓	↑

　本年中に販売されなかった売れる状態の農作物は、販売されたことにするので、右側（貸方）は売上グループの勘定科目、「農産物期末棚卸高」が記入されます。左側（借方）は、農作物が資産になるため、資産グループの勘定科目、「農産物」が記入されます。

　売上グループが右側（貸方）にきているので、本年の売上高はそれだけ増加したことになります。

日付　12月31日

借　方		摘　要	貸　方	
金額	科目	NO	科目	金額
120,000	製品（農産物）	農産物の期末棚卸	農産物期末棚卸高	120,000
120,000				120,000

57

3-15 決算修正（家計費のあん分）

経費の中に含まれていた家計使用分を、年末に経費から除く操作を行います。

家庭　事業主貸　　仕事　電気代　水道代　ガソリン代　電話代　など

これらの中の家事使用分を外します。

家計費のあん分とは

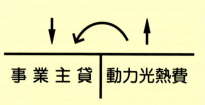

家庭で使った電気代や水道代も含まれている動力光熱費の家庭で使った分を抜く仕訳です。右側（貸方）には家庭で使用した分も入っている経費の勘定科目を記入します。左側（借方）には家庭へ移動したので「事業主貸」を記入します。

電気代金や水道代金またガソリン代などは、仕事で使う分も家庭で使う分もあります。1回の支払の中で仕事分と家庭分が混じってしまっている場合、そのたびに分けて記帳していくのは、なかなか手間がかかります。

そこで、支払時は、すべて経費として伝票を作成しておき、年末に、家庭で使用した分を割合に応じて経費から抜くという操作をします。

これを、家計費のあん分といいます。

経費から抜かれた電気代などは家庭で使ったので、家庭へ行ったとして振替伝票を作成します。家庭へ行ったので、使用する勘定科目は「事業主貸」です。

金額は、元帳で動力光熱費などの合計を確認しておき、家庭で使用した割合をかけて、経費から抜く金額を計算します。

日付　12月31日

借方		摘要	貸方	
金額	科目	NO	科目	金額
43,600	事業主貸	動力光熱費の家計あん分	動力光熱費	43,600
43,600				43,600

演習15

別冊9ページの動力光熱費の家計費へのあん分の振替伝票を作成してください。また、別冊演習用元帳へ転記を行ってください。

3-16 決算修正（家事消費）

生産・販売した農産物を家庭で食べたり、使ったりした場合、年度末にこれを家庭に売ったことにする操作を行います。

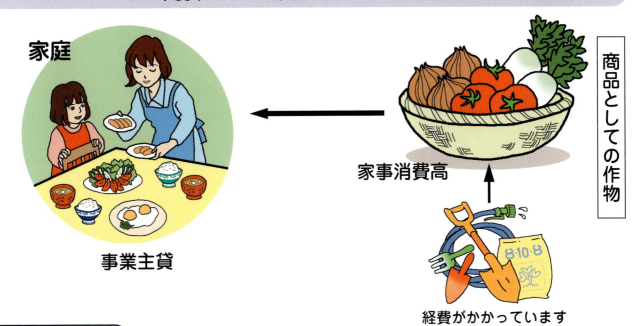

自家消費とは

家庭で我が家の農産物を食べました。仕事から見ると我が家に売ったことにします。このため、右側（貸方）には売上グループの勘定科目、「家事消費高」を記入します。家庭で消費（農作物が家庭へ移動）したので、左側（借方）には「事業主貸」を記入します。

自分の農園で栽培・販売した農作物を家庭で消費した場合です。たとえ自分の農園で作った農産物といえ、それを作るのにかかった費用を経費として計上してあれば、できた農産物は商品です。

家庭で食べた場合は、仕事から見たとき、家庭に対して売ったことにしなければなりません。

ただし、いわゆる市場などへの出荷とは違いますので勘定科目も「売上高」ではなくて、売上グループの勘定科目、「家事消費高」を使います。家庭へ売ったとしてもお金をもらうわけではなく、農産物が家庭へ行っただけですから、家庭への勘定科目「事業主貸」を左側（借方）へ記入します。

決算書では、市場などへ売った金額に、この家庭に売った金額も合わせて販売金額になります。

日付 12月31日

借方		摘要	貸方	
金額	科目	NO	科目	金額
48,000	事業主貸	自家消費 （野菜 4人）	家事消費高	48,000
48,000				48,000

この年は野菜は1人／年12,000円で計算

演習16

別冊9ページの自家消費の振替伝票を作成してください。また、別冊演習用元帳へ転記を行ってください。

3-17 決算修正（育成資産の振替）

生産を行えるようになった段階で固定資産になる搾乳牛や果樹、茶樹などの育成中の経費は年末に経費から外します。

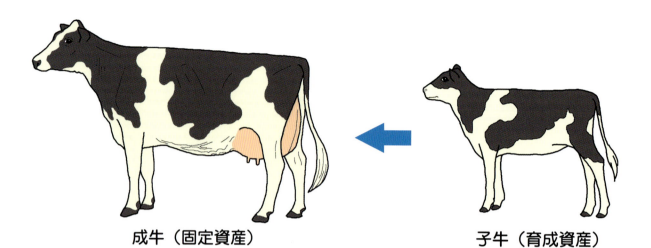

成牛（固定資産）　　　子牛（育成資産）

子牛（育成牛）が食べた飼料は経費にならない

| 育成資産 | 育成資産振替高 |

子牛（育成牛）が食べた飼料代などは経費になりません。この飼料代などを経費から引くため、右側（貸方）に経費グループの勘定科目、「育成資産振替高」を記入し、左側（借方）には資産グループの勘定科目、「育成資産」を記入します。

経費が経費として認められる原則は、年内に販売された農産物に対して支払われた費用についてのみです。子牛から育てている搾乳牛は、成牛となると固定資産となり、搾乳牛の取得金額や育成費用は4年間かけて減価償却費として計上します。

子牛の食べた飼料代は、生乳の生産に使われておらず、子牛が成育して資産価値が上がっているため経費として計上することはできません。ですから、年末に子牛の食べた飼料代は経費から除かなければいけません。経費から除きますが、搾乳牛の場合、この除かれた金額が合計されて、成牛になるときの固定資産の取得金額となります。

このため、資産グループの「育成資産」勘定科目に振り替えておき、成牛になったときに育成資産から固定資産に振り替える操作を行います。

経費から抜くため、経費グループの勘定科目に、「育成資産振替高」を用意しておいてこの勘定科目を記入します。

なお、育成資産の振替のための金額の計算の仕方は月齢ごとの子牛の飼料代を合計していく方法と、子牛も含めた全飼料代金から子牛の頭数と給餌量の割合で計算する方法があります。

肉牛の場合（販売用動物）

期　首

| 期首棚卸 | 販売用動物 |

期　末

| 販売用動物 | 期末棚卸 |

肉牛も、搾乳牛と同様に成牛になるまで1年以上を要します。ですから、出荷していない以上、牛が食べた飼料代は経費として計上できません。ただし、搾乳牛と違って肉牛では販売用動物ですので、最後に販売したときにそれまでかかった経費はすべて経費として計上しますので、年末は「農産物以外期末棚卸高（期末棚卸）」という形をとります。

また、翌年には前年経費から外した費用をもう一度経費に加算するため「期首棚卸」を行います。

3-18 決算修正（保険積立金）

建物更正共済などでは、支払金は積立分と経費分に分けられます。年末に積立分は経費から除く操作を行います。

積立分は保険積立金に

｜

保険積立金	共済掛金

年度末に、共済掛金のうち、積立分を保険積立金に振り替えます。右側（貸方）に「共済掛金」を記入します。左側（借方）に「保険積立金」を記入します。

↓｜↑

普通預金	保険積立金

満期時は、右側（貸方）に「保険積立金」を記入します。左側（借方）にお金が入る「普通預金」を記入します。

演習17

別冊9ページの共済積立分の振替伝票を作成してください。また、別冊演習用元帳に転記してください。

期末に保険積立金に

経費に算入できる温室や納屋等の事業用契約の建物更正共済保険では、積立部分と経費算入部分に分けられます。建物更正共済を支払ったときは、全額を共済掛金として記帳します。そして、年末に積立分（満期に戻るお金）は経費にならないので、この分を引きます。引かれた金額は資産グループの勘定科目、「保険積立金」を使って記入します。

満期になったときは

満期になって、通帳に入ってきたときは、「保険積立金」から「普通預金」に移動したという振替伝票を作成します。

共済掛金の積立分を保健積立に

日付　12月31日

借　方		摘　要	貸　方	
金額	科目	NO	科目	金額
5,000	保険積立金	建更積立金分振替	共済掛金	5,000
5,000				5,000

共済掛金積立分が満期に

日付　1月8日

借　方		摘　要	貸　方	
金額	科目	NO	科目	金額
1,000,000	普通預金（農協通帳）	建更満期入金	保険積立金	1,000,000
1,000,000				1,000,000

一括で支払った場合と経費への計上

一括支払時

保険積立金	現　金

年度末に経費に

共済掛金	保険積立金

複数年分を一括で支払った場合は、支払時に「保険積立金」に振り替えます。年末に経費分を「保険積立金」から「共済掛金」に振り替えます。

3-19 元帳への転記

振替伝票より元帳へ転記します。

勘定科目ごとに整理

伝票を記入したら、記入した勘定科目ごとに整理するために、元帳に転記をします。元帳に転記する時は24ページの図のように貸方勘定科目グループ（負債・資本・売上）の勘定科目は右側（貸方）の金額を残高に合計します。借方勘定科目グループ（資本・経費）の勘定科目は左側（借方）の金額を残高に合計します。

現金で種苗を 15,000円購入した伝票から

現金で種苗を購入した伝票です。この伝票から元帳に転記します。伝票から元帳への転記のために資産・現金の元帳と経費・種苗費の元帳を開きます。まず日付と取引の説明である摘要文を記入します。また、相手科目を記入します。現金の元帳の相手科目は種苗費です。種苗費の元帳の相手科目は現金です。但し、普通の元帳では相手科目を書く欄がありませんから、項目が無い場合は書く必要がありません。別冊の元帳も書くようにはなっていません。

（左－借方）　　　　　　　　（右－貸方）

1月4日　15,000円　　種苗費　　　現　金　　15,000円

元帳：種苗費

日付	摘要	相手科目	借方	貸方	残高
	繰り越し				0
1月4日	種苗を購入	現　金	15,000		15,000

借方（左側）の金額が残高に足されます

元帳：現金

日付	摘要	相手科目	借方	貸方	残高
	繰り越し		200,000		200,000
1月4日	種苗を購入	種苗費		15,000	185,000

貸方（右側）の金額が残高から引かれます

種苗費の元帳は、本年どれだけの種苗を購入したかを集計するので元帳の繰越金は0です。

伝票では種苗費は左側（借方）にあるので、借方に1万5千円を記入します。

経費は、22ページの複式簿記の原理1で説明しているように借方グループに入るので、借方の金額を残高に合計していきます。もし返品などをした場合はその金額は右側（貸方）に記入します。貸方に記入した金額は残高から引かれます。

現金は資産ですので、前年度からの繰り越しがあります。上の元帳では、昨年からの繰り越しが20万円となっています。借方に20万円を書き、残高にも20万円を書き込みます。

資産の勘定科目である現金は、伝票では右側（貸方）にあるので、元帳でも右側（貸方）1万5千円を記入します。

資産は、22ページの複式簿記の原理1で説明しているように借方のグループに入るので左側（借方）に金額が記入された場合は残高に足されます。ここでは、右側（貸方）に1万5千円が記入されているので、残高から引かれます。

売上げて現金が3,000円入ってきた場合

農作物を販売して、現金3,000円が入ってきた伝票です。

元帳では、現金と売上高の元帳を開きます。まず日付と取引の説明である摘要文を記入します。ついで、現金の元帳では相手科目として売上高を、売上高の元帳では相手科目として現金を記入します。

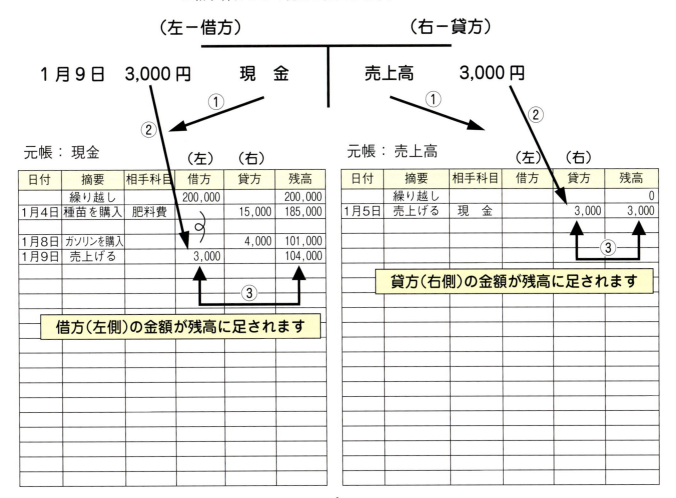

現金は左側（借方）に記入されているので、現金の元帳の左側（借方）に金額3,000円を記入します。

現金は資産の勘定科目で、22ページの複式簿記の原理1で説明したように借方のグループに入りますので、左側（借方）に記入された金額を残高に足します。

振替伝票で売上高は右側（貸方）に記入されているので、売上高の元帳の右側（貸方）に3,000円を記入します。

売上グループの売上高は、22ページの複式簿記の原理1でも説明したように、貸方のグループに入る勘定科目です。貸方グループに入る勘定科目は、右側（貸方）に記入された金額を残高に合計していきます。

3-20 試算表の作成

元帳より試算表を作成します。

試算表作成の手順

使用している勘定科目を資産、負債、資本、収益、費用、営業外損益の順に書いていきます。

勘定科目ごとに、右側・貸方に元帳の貸方の合計を書き込みます。左側・借方に元帳の借方合計を書き込みます。（合計試算表）

この時、資産の勘定科目の繰越金が元帳の残高と借方に記入されているか、負債と資本の勘定科目の繰越金が元帳の残高と貸方に記入されているかを確認してください。

資産と経費の勘定科目の残高は、左側・借方に書き込みます。一方、負債と資本、売上の勘定科目の残高は、右側・貸方に書き込みます。各勘定科目の借方の金額と、貸方の金額を合計します。きちんと記帳がされていれば、借方の合計と貸方の合計が同じになります。

もし、違っているようでしたら、伝票から元帳への転記が間違った可能性がありますので、確認してください。

また、借方の残高の合計と貸方の残高の合計も計算します。貸方の残高合計と借方の残高合計は等しくなります。（残高試算表）

もし、等しくならなかった場合は、計算違いか転記ミスがあるかもしれません。もう一度確認ください。別冊添付の合計残高試算表を利用ください。

演習18 元帳を元に試算表を作成します。別冊添付の試算表（46ページ後）を利用ください。

元帳：現金

借方	貸方	残高
2,600,000	2,400,000	200,000

元帳：普通預金

借方	貸方	残高
6,700,000	6,000,000	700,000

元帳：買掛金

借方	貸方	残高
450,000	550,000	100,000

元帳：長期借入金

借方	貸方	残高
500,000	2,000,000	1,500,000

左側（借方）の勘定科目グループ（資産・経費）の勘定科目は、借方合計・貸方合計はそのまま記入しますが、残高は左側（借方）に記入します。

右側（貸方）の勘定科目グループ（負債・資本・売上）の勘定科目は、借方合計・貸方合計はそのまま記入しますが、残高は右側（貸方）に記入します。

残高	借方合計	勘定科目名	貸方合計	残高
200,000	2,600,000	現　　金	2,400,000	
700,000	6,700,000	普通預金	6,000,000	
		定期預金		
		その他預金		
		売掛金		
		未収金		
		建物		
		建物付属設備		
		構築物		
		機械装置		
		車両運搬具		
		器具備品		
		事業主貸		
	450,000	買掛金	550,000	100,000
		短期借入金		
		未払金		
	500,000	長期借入金	2,000,000	1,500,000
		事業主借		
		元入金		
		控除前所得		
		売上高		
		家事消費高		
		種苗費		
		肥料費		
		飼料費		
		農薬費		
		減価償却費		
		専従者給与		
		雇人賞与		
		雇人費		
		荷造運賃		
		販売手数料		
		雑費		
13,650,000	29,800,000		29,800,000	13,650,000

3-21 精算表の作成

残高試算表より精算表を作成します。

精算表の手順 残高試算表から残高を精算表の「試算表より」に書き写します。

 精算表を作成します。また、決算書の1ページと4ページに記入を行ってください。別冊添付の精算表（47ページの前）を利用ください。

勘定科目	試算表より 借方残高	試算表より 貸方残高	貸借科目 借方残高	貸借科目 貸方残高	損益科目 借方残高	損益科目 貸方残高
貸借科目			**貸借科目の集計**			
現　　金	200,000		200,000			
普通預金						
売掛金						
製品（農産物）						
原材料						
建物						
建物付属設備						
構築物						
機械装置						
車両運搬具						
器具備品						
生物						
一括償却資産						
出資金						
保険積立金						
事業主貸						
買掛金		100,000		100,000		
預り金						
長期借入金						
事業主借						
元入金						
損益科目					**損益科目の集計**	
売上高		2,000,000				2,000,000
事業消費高						
期首農産物棚卸高						
期末農産物棚卸高						
期首農産物以外棚卸高	80,000				80,000	
種苗費						
肥料費						
農薬費						
動力光熱費						
諸材料費						
農具費						
修繕費						
共済掛金						
租税公課						
作業用衣料費						
土地改良水利費						
専従者給与						
雇人賞与						
雇人費						
雑給						
育成費振替高						
期末農産物以外棚卸高						
荷造運賃						
販売手数料						
事務通信費						
旅費図書研修費						
雑費						
営業外損益						
雑収入						
利子割引料						
雑損失						
利益（繰越利益）						
合計						

第4章

パソコン
複式簿記の基本

第4章では、パソコン簿記を始めるためのパソコン操作の基本を
学習します。パソコンがどのように仕事を行うのか、また日本語
入力などについても練習を行ってください。

第2章、第3章で複式簿記の基本を演習しましたので、日本語
の入力の練習をしておけば、パソコン簿記を行う準備は十分です。

4-1 ソフトとハード

パソコンは、パソコン（ハード）と仕事に合ったパソコンへの指示（ソフト）の両方があって仕事が行えます。

パートさんに働いてもらう

パートさんに働いてもらう場面を想像してみてください。パートさん（形あるもの ハード）が朝、仕事にやってきます。やってきたパートさんはすぐに働き出すでしょうか。パートさん自身は来ただけでは、何をするか分かりません。そこで働いてもらいたい内容を指示（形ないもの ソフト）して、初めてパートさんも働き始めます。

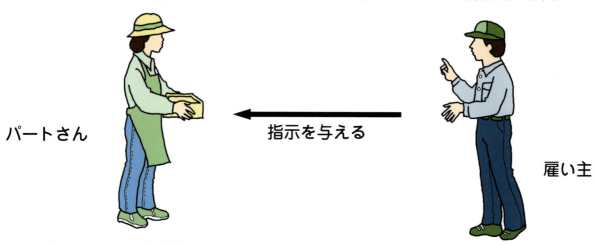

パートさん　←　指示を与える　雇い主

ソフトとハードが揃って仕事が行える - ソフトのインストールとは

パソコンに仕事をさせる方法は、上のパートさんとよく似ています。パソコン本体だけでは何も仕事が出来ません。パソコンを働かせるためにはどのような仕事をするかの指示をソフトという形で与えることが必要です。

様々なソフトを与えることにより、パソコンは一つだけの仕事ではなく与えられたソフトの数だけの仕事が行えるようになります。

ソフトはパソコンの本体の中に入っているハードディスク装置などに収めて使用します。

インストールとはCD-ROMやDVD-ROMなどに記録されて提供されるソフトをコンピュータの中にあるハードディスクなどに移して使用出来るようにする操作です。

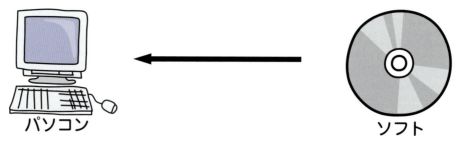

パソコン　←　ソフト

ソフトは基本ソフトと応用ソフトに分けられます

ソフト ┬ 基本ソフト（オペレーティングシステム）
　　　 │　（ウィンドウズなど）
　　　 └ 応用ソフト（アプリケーション）
　　　 　（ワープロや簿記など）

ソフトは大きく2種類に分けられます。一つは基本ソフト（オペレーティングシステム）で、どのソフトでも必要な印刷などの共通の仕事を行うとともに、ハードの能力を十分使いこなせるようにしてくれます。

一方、応用ソフト（アプリケーション）は、目的の仕事を行うためのソフトです。仕事、業務に合わせて数多くのアプリケーションが開発されています。

4-2 パソコンに電源を入れる

パソコンの中にはハードディスクが入っていて、ここにソフトやデータが置かれています。

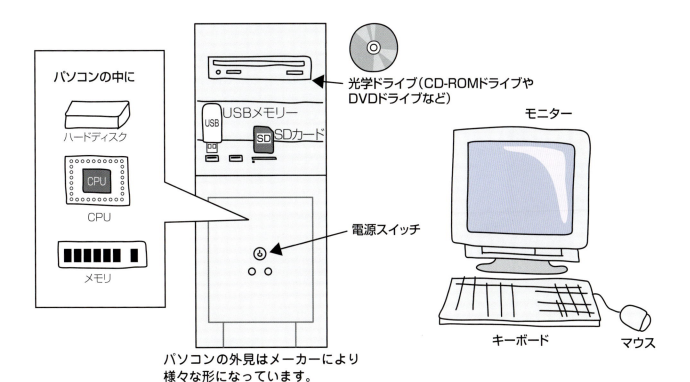

パソコンの外見はメーカーにより様々な形になっています。

パソコンの準備

パソコン簿記を行うためには、パソコン本体と入力結果などを画面に表示するためのモニター、入力をするためのキーボードやマウスなどが必要になります。これらの機器は、ワンセットになって販売されていますので、普通にパソコンショップなどでパソコンを購入すれば、機械の準備はOKです。

集計した結果は普通紙に印刷して保存しておきますので、これに印刷するための機械、プリンターを用意してください。

パソコンの中には、ソフト（仕事の手順が書かれたプログラム）やデータなどを保存しておくハードディスクや、実際の仕事を行うパソコンの頭脳にあたるCPU、データを覚えておくためのメモリーなどが入っています。

近年はノートパソコンを使う方がほとんどとなっていますが内容は同じです。

ソフトの準備

機械の準備と合わせて、パソコン簿記を行う簿記のソフトを準備します。本書では初めに書いたように、ソリマチ(株)の「農業簿記12」を用意しました。

電源を入れる

電源スイッチを入れると、基本ソフトのWindows（ウィンドウズ）がハードディスクの中から読み込まれ、Windows（ウィンドウズ）の画面が表示されます。

この画面は、机の上と考えてください。この机の上に目的のソフト（仕事の道具）を広げて仕事を行います。

私たちの場合は、簿記ソフトという簿記記帳を行っていくソフト（仕事の道具）を広げて簿記記帳を行っていきます。

図はWindows 11でのデスクトップ画面です。近年はWindows 11やWindows 10が一般的になっています。

Windows 11 デスクトップ画面

4-3 フォルダーについて

ハードディスクや SSD（メモリーによるハードディスク）は大きな押入れです。思いつきでしまってはどこに何があるか分からなくなってしまいます。

押入に箱と袋を用意して整理

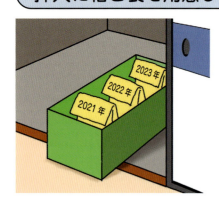

多くの農家の方は、毎年の税務申告用の帳簿や領収書などを押入れの中などにきちんと整理して保存しているのではないでしょうか。きちんと整理するためには、大きな箱を用意していませんか。しかも年度ごとの領収書や決算書が混じらないように袋も用意し、袋ごとにその年の領収書などを入れ、それを大きな箱に入れるというようなことを多くの方が行っていると思います。

コンピュータで帳面を整理する方法も全く同じです。

押入れの中に箱が入っていて、箱の中に袋が入っていて整理されているということを覚えておいてください。ハードディスクのどこにデータがあるかを指定する時などに必要になります。

ハードディスクは大きな押入れ、箱や袋を作って保存

ハードディスクは大きな押入れです。その中に簿記のデータをかまわず入れてしまっていては、どれがどれか分からなくなってしまいます。押入れに保存しておくように、箱や袋を用意してきちんと整理します。

押入れは、ハードディスクではドライブと呼ばれる装置で、箱や袋はフォルダーと呼ばれ、書類入れにあたり、そこに入れて整理します。

> BK12 のフォルダーの中にフォルダー（例：2023DATA）袋にあたる（2023 年の帳面入り）

ドライブ（例：C ドライブ）
押入れにあたる

フォルダー（例：WPDATA）
ワープロの文書をとってある箱

フォルダー（例：BK12）
箱にあたる
（画面上のフォルダーはすべて黄色です）

フォルダーは、パソコン上では黄色です。この図は上の図と関係が分かるように緑色と黄色にしています。

コンピュータでデータのある場所を指定する

2023 年のデータが入っている袋を指定するためには、C ドライブの BK12 フォルダー（箱）の中の 2023DATA フォルダー（袋）の中に入っていると指定します。これをコンピュータが分かる形で書くと C：¥BK12¥2023DATA となります。

> アルファベットの後に「：」をつけるとドライブをあらわします。また、「¥」は、「の中の」と読んでください。

4-4 ウィンドウズ(Windows)の共通部品

ウィンドウズ用のソフトは共通の部品で操作を行います。どんな部品があるのでしょうか。

ウィンドウズ用のソフトは共通部品で操作

ウィンドウズ用に開発されたソフトは、共通の部品を使って操作をします。簿記ソフトもそのほとんどの操作は共通の部品を使って行いますので、ここでそれら部品の役割や操作方法をまとめてみました。
（設定画面では ✖ の終了ボタンで終了はさせないでください）

ボタン

登録や設定、他の操作を選択する時などに使う部品です。マウスのポインター(マウスの動きとともに画面の中で動く矢印など)をボタンの上に移動して、マウスの左ボタンをクリックするとボタンを押したことになります。「農業簿記12」では、ボタンの中にFのついた数字が書かれています。

マウスでクリックする代わりにFが書かれた数字キー（ファンクションキー）と同じキーボードのF1〜F12までのキーを押すことで、同じ結果が得られます。

テキストボックス

文字を入力する場面は、簿記ソフトでも少なくありません。文字入力を行うために用意されている部品がテキストボックスです。マウスポインターをテキストボックスの上に移動すると、マウスポインターの形がIの形に変わります。この時、マウスの左ボタンをクリックすると、テキストボックスの中にカーソルが表示され、入力が行えるようになります。

チェックボックス

四角い箱の形をしている部品がチェックボックスです。チェック（✓）を入れることで、対象となる機能が使用できるようになります。マウスポインターをチェックボックスの上に移動し、左ボタンをクリックするとチェックが入ります。チェックが入っている場合はもう一度チェックボックスにマウスポインターを移動してクリックするとチェックがはずれます。

オプションボタン

いくつかの中から一つの機能を選択する部品がオプションボタンです。黒丸が入っていない〇印の上でクリックすると、黒丸が入り、すでに黒丸が入っていた〇の黒丸は消えます。

ドロップダウンリスト（コンボ ボックス）

いくつかの選択肢の中から一つを選択する部品がドロップダウンリストです。右側の下向き▼マークがついたボタンをクリックすると一覧が表示されます。一覧の中から一つをクリックするとクリックした項目が選択されます。

4-5 キーボードの操作

日本語を入力するためにはキーボードから入力をします。このページではキーボードの基本を説明します。

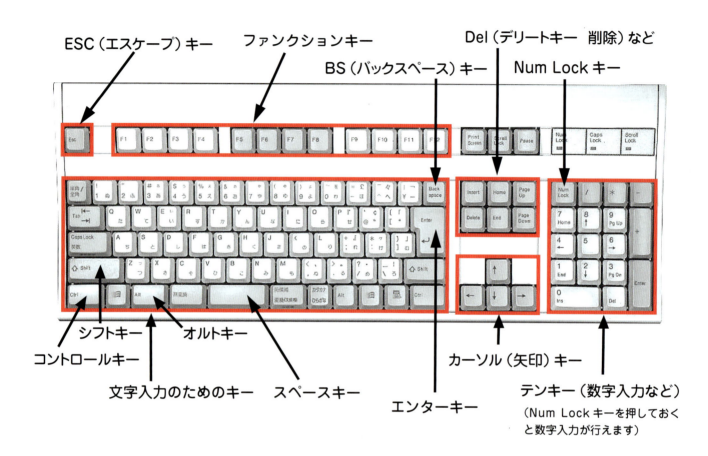

- ESC（エスケープ）キー
- ファンクションキー
- BS（バックスペース）キー
- Del（デリートキー 削除）など
- Num Lock キー
- シフトキー
- オルトキー
- コントロールキー
- 文字入力のためのキー
- スペースキー
- エンターキー
- カーソル（矢印）キー
- テンキー（数字入力など）
（Num Lockキーを押しておくと数字入力が行えます）

キーの配置

上図は、デスクトップ型（机の上に置いて使用するタイプのパソコン）に付属してくるキーボードの一例です。ノート型のパソコンなどではメーカによってキーの位置が多少違っていますが、文字入力のためのキーのグループ、ファンクションキーのグループ、矢印キーのグループ、DelやBSなどのキーのグループ、数字入力のキーのグループに分けられます。

Del・BS キー

入力した文字や数字を消すためのキーがDelキーとBS（バックスペース）キーです。文字の入力できる位置を示すカーソルの右側の文字を消す時にはDelキーを使用します。また、左側を消す時はBSキーを使用します。

エンター（Enter）キー

文字入力が終了し、確定する時や次の項目に移る時などに使用するキーがエンターキーです。

ファンクションキー

ソフトを使用する場合、終了したり修正したりと様々な機能を選択しながら操作を行っていきます。ソフトはこうした機能をファンクションキーに割り当てています。ファンクションキーを押すだけで、目的の機能が使えるようになります。

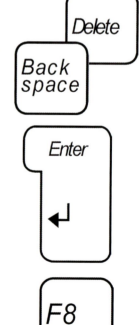

4-6 マウスの操作

パソコンを操作するもう一つの道具がマウスです。
このページでは、マウスの操作方法を説明します。

マウス表

マウス裏

マウスとは

　ウィンドウズソフトでは、画面の中にボタンやチェックボックスなどの部品が用意されていて、これらを操作することで、処理が行えるようになっています。

　画面の中のボタンなどの部品を操作するために、表示されている画面の中の矢印など（これをマウスポインターと呼びます）をマウスで動かします。

　机の上などでマウスを操作すると、光学型のマウスでは光がマウスの動きを認識し、マウスポインターが移動します。マウスには2つのボタンがついており、画面上のボタンの上で左ボタンを押すことで、画面のボタンを押したことになります。このように、ソフトを操作していく一つの道具がマウスです。

　なお、画面中での役割に応じて、画面の場所によりマウスポインターの形は変わります。

　ノートパソコンでは、マウスパッドが装備されており、マウスパッドの上で指を動かすことにより、マウスと同じ操作が行えます。もちろん、マウスが使いたい方は、別に購入して、USBに装着することで、使えるようになります。

マウスの操作方法

　マウスの操作方法は、マウスを移動してマウスポインターを動かすとともに、ボタンの「押し方」で3種類の方法があります。

ドラッグ

クリック

　マウスの左側のボタンを1回を押す操作をクリックといいます。ボタンを押すときなどに使用します。

ダブルクリック

　2回リズミカルにマウスの左側ボタンをクリックすることをダブルクリックといいます。画面中のアイコン（小さな絵）によっては、選択し起動させるのに、マウスの左側ボタンをリズミカルに2回クリックする必要があります。

ドラッグ

　マウスの左側ボタンを押したまま操作し、操作後左側ボタンを離す操作をドラッグといいます。ウィンドウズの窓を広げたりするような時、窓の端にマウスポインターを移動します。マウスポインターの形が両矢印に変わります。ここで、左側ボタンを押したままマウスを移動して移動後左側ボタンを離すと窓の大きさが変えられます。

4-7 日本語の入力

日本語の入力が苦痛でなくなると、パソコンの利用がずっと楽になります。このページでは日本語入力を練習します。

日本語入力ソフト

日本語を入力するためには、日本語入力ソフトを利用します。ウィンドウズがすでに動いているソフトでは「MS-IME」と呼ばれる日本語入力ソフトがセットされています。

簿記ソフトでは、日本語入力の項目が選択されると、セットされている日本語入力ソフトが動き、特別な操作無しで日本語の入力が行えるようになります。

もし、日本語を入力したいところで、日本語の入力が行えない時は、日本語入力ソフトを動かします。動かすためには、キーボードで「半角・全角」キーを押します。Windows10や11を使用している場合、標準ではMS-IMEのツールバー（言語バー）は表示されません。

MS-IMEのツールバー

MS-IMEのメニュー

2つの入力方法（ローマ字入力がお勧め）

日本語の入力には2通りの方法があります。一つはキーボードのキーの上に書かれた「かな」をもとに文字を選択して入力する「かな入力」とキーボードの上に書かれた「アルファベット」をもとに文字を選択して入力する「ローマ字入力」があります。「ローマ字入力」の方が、覚えなければいけないキーが圧倒的に少なくてすみます。これから、日本語入力を始める方は、ローマ字入力で行うことをお勧めします。

文　字	覚える キー	文　字	覚える キー
あ　い　う　え　お	5	A あ / I い / U う / E え / O お	5
か　き　く　け　こ	5	KA か / KI き / KU く / KE け / KO こ	1
合　　計	10	合　　計	6

「あ行」と「か行」だけを例としてあげてみました。かな入力では、「あ」から「こ」までを入力するために10個のキーを覚えなければなりません。しかし、ローマ字入力では、同じ10個の文字を入力するために、AIUEOの5文字さえ覚えていれば、か行はKだけを覚えればすみます。6個のキーを覚えるだけで良いのです。

日本語の練習をします。173ページの入力用ローマ字表を入力（あ行は10回程度、他の行は5回程度）するとともに173ページ下の練習1・2を行ってください。また75ページの「目的の漢字に変更されない時」事例も練習してください。

日本語入力の手順（MS-IMEの場合）

1：日本語を入力

テキストボックスに入力する場合、テキストボックスの上でクリックするとカーソルがテキストボックスの中に表示されます。

キーボードで目的の文字を入力します。

2：漢字に変換

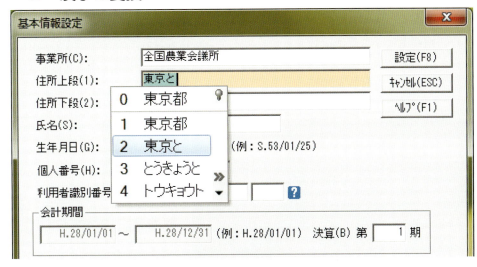

入力の後、「スペースキー」を押して漢字に変換します。

1回で目的の漢字に変換できた時は、「エンターキー」を押して確定します。目的の漢字に変換されなかった時は、再び「スペースキー」を押します。選択対象となる漢字の一覧が表示されます。「スペースキー」を押していくと、次の漢字に変わります。

目的の漢字に合ったところで「エンターキー」を押します。

目的の漢字に変換されない時

目的の漢字に変換されなかった時は、文字の区切りを変えます。
「私は医者へ行きます」 ---＞「私歯医者へ行きます」にする時は

- わたしはいしゃへいきます　---文字を入力します
- 私は医者へ行きます　---「私は医者へ」と変換されました
- わたしは医者へ行きます　---「わたし」で変換するため「Shift」キーを押しながら左向き矢印キーで区切りを変えます
- 私歯医者へ行きます　---改めて「スペースキー」を押して変換します「私歯医者」と変換されました
- 私歯医者へ行きます　---「Ctrl」キーを押しながら下向きのキーを押すと、隣の文字が変化対象となります

ファンクションキーを使う

カタカナに変換したり、半角文字にする時はファンクションキーを使用します。
Ｆ６－－ひらがな
Ｆ７－－カタカナ
Ｆ８－－半角
Ｆ９－－無変換（ローマ字入力の時アルファベットになります）

75

4-8 簿記ソフトを起動

スタートからソリマチアプリケーションを選択して
ソフトを起動します。

スタートからプログラム、ソリマチアプリケーション

ウィンドウズが起動している画面では、左下もしくは中央左側にスタートのウィンドウズボタンが表示されています。

スタートボタンをクリックすると、上にメニューが広がります。

この中のプログラムに「ソリマチアプリケーション」と書かれています。プログラムと書かれた範囲から外れないように右に移動し、ソリマチソフトの上にマウスポインターを移動します。

すると下側に「ソリマチアプリケーション」の内訳が表示されます。再び、ソリマチと書かれた範囲から外れないように右に移動し、「農業簿記12」の文字の上でクリックすると、簿記ソフトが起動します。

また、画面上に「農業簿記12」というアイコンが作成されていますので、この上にマウスポインターを移動し、ダブルクリックすることでも起動できます。こちらの方がやさしいかもしれません。

デスクトップに表示される
農業簿記12のアイコン

マウスの操作が苦手という方には、キーボードから起動する方法があります。
キーボードの【Windows キー】を押すと上にメニューが広がります。

下向きの矢印キーを押してフォルダーを選択し「エンターキー」を押すと、下側にプログラムが表示されるので、上下の矢印キーで「農業簿記12」を選択し「エンターキー」を押します。

これで、「農業簿記12」が起動します。

4-9 終了時には忘れずにバックアップ

終了時には忘れずにバックアップをしておきましょう。

終了ボタンを押して終了

終了ボタン

「農業簿記12」を終了するためには、右上の終了ボタンを押します。

もしくは、ダイレクトメニューの上部にある終了ボタンを押します。

終了時はバックアップを忘れずに

終了ボタンを押すと終了の確認を尋ねてきます。「はい」のボタンを押すとバックアップのための画面が開きます。

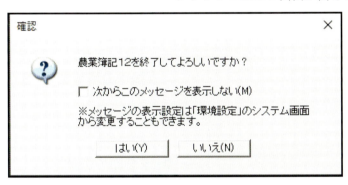

ハードディスクの中に毎日の取引のデータが入っています。場合によってはハードディスクが壊れてしまうこともあります。もし壊れたら、大事な毎日の取引データが消えてしまいます。

バックアップは、データをUSBメモリーやSDカードなどの外部の記憶装置にとっておく作業です。バックアップしておけば、もしハードディスクが壊れても、最後にバックアップをとったところから始められます。

詳しくは4-18(86ページ)を参照してください。

バックアップ画面の設定

バックアップは、設定画面で送り元と送り先を設定・確認し、「実行ボタン」を押して行います。

左のバックアップ画面を表示するには、ダイレクトメニューの利用設定グループのタブを選択し、環境設定の中のシステムを選択します。終了時にデータを保存するの中で、「手動で保存する」を選択しておきます。

4-10 簿記ソフトの画面

「農業簿記12」では、親画面の中に選択された機能の子画面が広がって作業が行えます。

○親画面

→ メニュー

→ 子画面が開く範囲

ウィンドウズのソフトの多くは、親の画面があって、その中に子の画面が開くようになっています。「農業簿記12」でも同じです。左の図の子画面の範囲に様々な処理を行う画面が表示され、処理を行っていきます。

→ ステータスバー（操作の情報を提供）

○子画面

→ 子画面のボタン（ファンクションキーボタン）

→ 簡易入力の子画面が広がっています

子画面に簡易振替伝票の入力画面が広がっています。子画面では子画面での操作を行うためのボタンが右上に並んでいます。終了など子画面での操作を行いたいときはこのボタンで行います。

農業簿記10より、簡易振替伝票入力画面に1月から決算月までのタブが付けられました。同じ月の入力では、その月を選択しておくと、日付の入力だけで済むようになります。農業簿記12も同じになっています。

78

4-11 簿記ソフトのメニュー画面

用意された機能を選択し入力や集計を行います。機能の選択はダイレクトメニューから行うと選択しやすくなります。

ダイレクトメニュー画面の構成

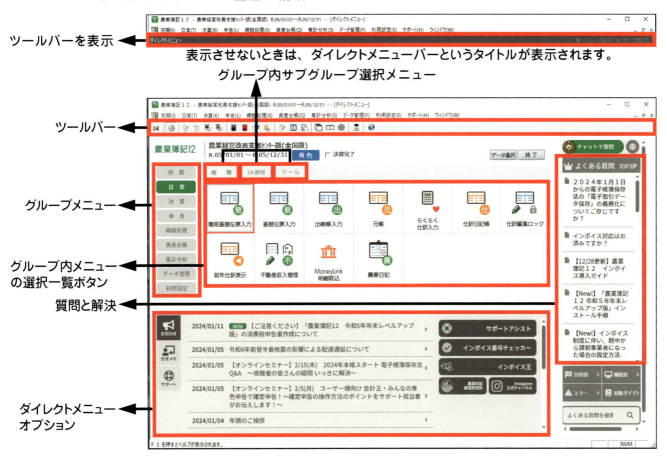

- ツールバーを表示 ← 表示させないときは、ダイレクトメニューバーというタイトルが表示されます。
- グループ内サブグループ選択メニュー
- ツールバー
- グループメニュー
- グループ内メニューの選択一覧ボタン
- 質問と解決
- ダイレクトメニューオプション

ダイレクトメニューの操作

マウスでクリックして、グループメニューを選択します。グループによっては、グループ内サブグループ選択メニュー（図では帳簿）があります。目的の作業に合わせてサブグループを選択をすると、選択一覧ボタンの画面が開きます（機能によっては確認のメッセージが表示されます）。マウスで目的の機能をクリックするとその機能が使えます。

キーボードだけでもメニューの選択を行えます。上下の矢印キーでグループメニューを選択し次いで左右の矢印キーでサブグループを選択し、下向きの矢印キーでグループ内メニューに入って、左右・上下矢印キーで目的の機能を選び、「エンターキー」を押します。

ダイレクトメニューオプション

ダイレクトメニューオプションでは、お知らせ、伝言メモ、解決ナビ、サポートのオプションを選択し、情報を得たり、連絡に使うことが出来ます。

サポートではインターネットを通じたソリマチからの支援を得ることができます。「そり蔵ネット」を試してみてください。また、オンラインでのソフトのアップデートなどが行えます。

4-12 メニューと機能 データ管理と初期

データ管理グループメニューは、帳面（データ）に係わる機能のメニューです。初期グループメニューは、様々な設定を行います。

データ管理グループのメニュー

　会計などの業務用ソフトは、ワードやエクセルとは違って、最初に帳面（ソフトではデータと呼んでいます）を作成し、毎日の入力した結果はそこへ書き込むようになっています。そのため、農業簿記12を使い始めるためには、帳面を最初に作成します。帳面は会計年度ごとに作成されますので、昨年の帳面を見たいときには、帳面の選択を行います。

　こうした、データ（帳面）を作成したり管理する機能は「**データ管理**」グループメニューの中に用意されています。

　データ管理グループメニューは、左側の**保存・復元**、**データ選択**、**ツール**の3サブグループに分かれています。

　［保存・復元］には入力終了時でのデータ保存（バックアップ）とバックアップしたデータを戻すデータ復元（リストア）の機能が用意されています。データ選択には、最初のデータ作成と作成されたデータを選択する機能が、ツールには、データ領域の削除などの機能が用意されています。

保存・復元

データ選択

ツール

初期グループのメニュー

　「基本情報の設定」では、ちょうど手書きの記帳用帳簿の表紙に帳簿の年度と名前を書いておくように、現在選択しているデータ（帳面）へ会計年度や事業所名を書き込むことが必要です。「**初期**」グループメニューは、**基本**と**詳細**の2サブグループメニューに分けられます。基本サブグループでは基本情報の設定や勘定科目の設定、部門の設定などが行えます。詳細サブグループでは、仕訳辞書の登録などが行えます。

　「部門の設定」機能で部門を設定しておけば部門ごとの損益も分かるようになります。

　「勘定科目の設定」では勘定科目の追加や削除、補助科目の設定、期首の残高の設定が行えます。

基本

詳細

　また、パソコン簿記では、取引のパターンごとに借方科目・貸方科目を設定しておき、そのパターンを選択する方法で伝票の入力を行っていきますが、パターンの登録や削除、修正が行えるのが「仕訳辞書登録」機能です。

　この他、より入力を楽にするための「お決まり仕訳登録」や「振替伝票事例登録」などの機能が用意されています。

4-13 メニューと機能 日常と決算

毎日の入力は日常グループメニューから振替伝票入力などを選択して行います。

日常グループのメニュー

　毎日の入力は、日常グループメニューで機能を選択して行います。「農業簿記12」は起動をすると最初に表示されるのがこの日常グループメニューです。「**日常**」グループメニューは、**帳簿**と**JA取引**、**ツール**の3つのサブグループメニューに分かれており、帳簿には実際に入力を行う、簡易振替伝票入力などのメニューが用意されています。ツールは、仕訳データの出力など、伝票に対する処理の機能が用意されています。

　JA取引には、JAから提供されるデータを取込む機能などが用意されています。

帳簿

JA取引

ツール

決算グループのメニュー

　日常処理に続いて、「**決算**」グループメニューが並んでいます。1年に一度、期末日（12月31日）付けで処理を行う決算修正伝票作成のための機能が用意されています。サブグループメニューとして**自動仕訳**と**決算整理**の2つのサブグループに分けられています。自動仕訳サブグループには、減価償却仕訳の作成や育成費用仕訳の作成などの機能などがあります。

　決算整理サブグループには、伝票で入力をするための伝票入力の機能の他、試算表などを表示する機能（合計残高試算表）、また、入力結果を確認する機能などを用意しています。

自動仕訳

決算整理

4-14 メニューと機能 申告と繰越処理

申告グループメニューでは、決算書の作成や消費税の申告書の作成を行います。繰越メニューでは翌年への繰越を行えます。

申告グループのメニュー

「申告」グループメニューは、**決算書、消費税、年末調整**の3つのサブグループメニューから構成されています。決算書では青色申告決算書の印刷だけで無く、農業用決算書2ページ目の収入の内訳のように自動で集計できない項目の入力を行う決算書入力などが用意されています。

消費税サブグループメニューでは課税事業者で消費税の申告を行う設定をした場合は、消費税の申告書の作成が行えます。

また、年末調整では、専従者給与などを支払っている場合、ここで年末調整の計算と書類の作成が行えます。年末調整など必要なソフトは「そり蔵ネット」を利用してダウンロードしてください。

決算書

消費税

年末調整

繰越処理グループメニュー

「**繰越処理**」グループメニューでは、本年度の決算が終了した後、翌年度の帳面を作成する**繰越処理**のメニューが用意され、帳面の作成が行えます。決算が終了する前でも繰越は行え、入力が始められますが、繰り越した期首の金額が確定していません。

この場合は、前年度が確定した後、正しい期首の金額を期末残高繰越処理を使って確定した前年の帳面（データ）から持ってくることが出来ます。

繰越処理

4-15 メニューと機能 資産台帳、集計分析、利用設定

資産台帳グループメニューでは、減価償却資産登録などが、集計分析グループメニューでは集計と分析が行えます。

資産台帳グループのメニュー

「**資産台帳**」グループメニューでは、減価償却の登録や棚卸資産、また育成資産の登録が行えます。不動産収入管理もここにおかれています。

資産台帳

集計分析グループのメニュー

「**集計分析**」グループメニューは、**集計**と**分析**の2つのサブグループから構成されています。集計では、部門別の実績集計や摘要で入力された文字列での集計なども行えます。

分析では、部門別の経営分析などが行えます。

集計

分析

利用設定グループのメニュー

「**利用設定**」グループメニューには、環境設定、利用者設定、ダイレクトメニュー設定の3機能について設定が行えます。ダイレクトメニューに表示される機能（ボタン）は、ダイレクトメニュー設定で行えます。

また、環境設定では、入力画面の設定などが行えます。

利用者設定では、ソフトを使うに際してのパスワードの設定が行えます。

利用設定

4-16 パソコン簿記の流れ

「農業簿記12」で設定から決算書を作るまでの流れです。
第5章、第6章の演習で決算書の作成を行います。

帳面（データ）の設定 ── データ管理グループ

全国農業会議所標準データをハードディスクにインストール
　全く新しく始める場合は、データ管理グループのデータ選択サブグループのデータ作成でデータを作成します。バックアップしたデータでなく、コピーしたデータの場合は、ハードディスクにフォルダーを作成してそこにコピーします。

データ管理グループのデータ選択サブグループのデータ選択を開きます
　リストアした場合は、リストアした帳面（データ）をデータ管理グループのデータ選択サブグループ「データ選択」画面で選択し直します。コピーした場合はデータ管理グループのデータ選択サブグループ「データ選択」画面で新規を選択して新規に一覧に登録し、選択します。

基本情報・部門・勘定科目の設定 ── 初期グループ

初期設定グループの基本サブメニューで基本情報の設定などを行います

基本情報の設定
　事業所名や会計年度などを入力します。個人番号は、消費税の申告番号です。利用者識別番号は、電子申告の利用者識別番号です。

部門の設定
　損益を知りたい部門がある場合、不動産と農業がある場合等は部門を設定します。

勘定科目の設定
　勘定科目の追加や削除を行います。全国農業会議所標準データでは、特に追加する勘定科目はありません。また、普通預金や売掛金、買掛金などについては、その内訳を補助科目（普通預金では通帳）として登録します。そして、貸借勘定科目（資産・負債・資本）については、1月1日の残高を登録します。
　この時、資本（勘定科目－元入金）は資産の合計から負債の合計を引いて計算します。翌年からは更新処理を行うことでこうした初期設定は必要ありません。

伝票の入力 ── 日常グループ・資産台帳グループ

入力形式を選択して取引を入力
　簡易振替伝票入力/振替伝票入力/出納帳入力から入力方法を選択し入力します。

減価償却資産の登録と決算修正伝票の入力
　決算修正に必要な減価償却資産の登録や棚卸などの登録を行い、決算修正伝票の入力を行います。

入力結果の確認 ── 日常グループ・集計分析グループの集計サブグループ

元帳などで確認
　元帳や試算表などで入力した結果を確認しましょう。

決算書の作成 ── 決算グループ・申告グループ

入力が終了し確認を行ったら、決算書の作成をします

4-17 入力を始める前に データの選択について

業務ソフトではデータ（帳面）を用意して入力をしていきます。データ（帳面）の作成や選択が行えます。

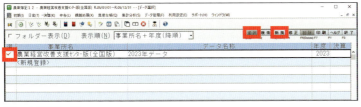

データ選択メニュー

データ選択一覧

記帳する帳面を選択する

書き込んだり確認するデータ（帳面）を選択する時は**データ管理グループ**の**データ選択**サブグループのデータ選択を使用します。ダイレクトメニュー右上のデータ選択ボタンでもデータ一覧画面が表示されます。データ選択の画面を開くと、登録されているデータ（帳面）の一覧が表示されます。リストアしたデータは、リストアの時に一覧に登録されますが、選択はされていません。リストアした後、選択し直します。

現在選択されているデータ（帳面）とは別のデータ（帳面）に書き込みたい時は、対象となるデータ（帳面）をクリックして太い枠線で囲み指定をして、右上の選択のボタンを押すか、「エンターキー」を押して変更します。データ選択画面を再び表示すると、選択したデータ（帳面）の左端にチェックマークが入り、選択されていることが示されます。タイトルバーで変更されているかを確認してください。

表示順の選択

データの並べ方変更

データ（帳面）一覧の表示方法を変更することが出来ます。例えば、お父さんとおじいさんの2名の記帳を行っている場合、「事業所名＋年度」を選択すると、まずお父さんのファイルが年度順に並び、次いでおじいさんのファイルが年度別に並ぶというようになります。

新規帳面（データ）を登録する

データ新規登録

ハードディスクにコピーしただけのデータ（帳面）は当然ながら選択の一覧には登録されていません。ハードディスク内にあるデータ（帳面）を一覧に登録するためには、右上の新規ボタンを押します。

データ登録修正の画面が開きます。ここで「データフォルダー」欄にデータが入っているフォルダーを指定します。どのドライブのどのフォルダーに入っているかがはっきりしていない場合は、参照のボタンを押します。

参照ボタンを押すとデータフォルダーの選択画面が開きますので、対象となるデータ（帳面）が入っているフォルダーを指定し、OKボタンを押します。

戻ったデータ登録修正画面で登録ボタンを押すと、選択したデータ（帳面）が一覧に登録されます。データ（帳面）一覧画面で改めて選択し直します。

4-18 入力を始める前に データバックアップの方法

ハードディスクに記録されたデータ（帳面）をUSBメモリーなどに保存します。

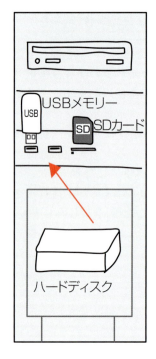

バックアップ（ハードディスクからUSBメモリーなどに）

記帳している取引などのデータはハードディスクなどパソコン本体内の記録装置に蓄積されています。ハードディスクなどが壊れた場合、再び期首から取引のデータを再入力しなくてはならなくなります。

このため、入力が終了するごとにUSBメモリーやSDカードに同じデータ（帳面）をコピーする作業を行っておきます。こうした作業をバックアップといいます。データ管理グループの保存・復元サブグループで選択できます。こうしておけば、もしハードディスクが壊れても、バックアップしたUSBメモリーなどに入っているデータを戻せば、そこからデータの追記が行えるようになります。

バックアップデータを直接読むことはできません

「農業簿記12」では、取引のデータをとっておくのに複数の帳面（ファイル）を使っています。USBメモリーなどにバックアップする時には、複数の帳面を1冊の帳面にまとめてとっておくため、バックアップしたUSBメモリーなどからデータを直接読み込んだり、書き込んだりは出来ません。

安心データバンク

ソリマチクラブ（農業簿記）に入っており、かつ使用パソコンがインターネットにつながっている場合、クラウドサービス上にバックアップを保存しておくことが出来ます。"バックアップファイルを「ソリマチ安心データバンク」に保存する"にチェックを入れて、実行ボタンを押します。登録前の最初の回では、パスワードなどの登録画面が表示されるので、登録を行っておくと、次回からは保存が行われるようになります。コンピュータの故障や保存用のメモリーの故障などを心配しなくても良くなります。

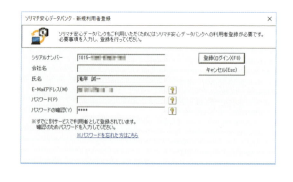

バックアップの手順

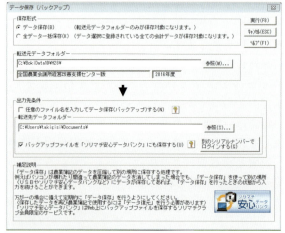

バックアップ設定画面

データ管理グループの保存・復元サブグループのメニューから「データ保存（バックアップ）」を選択するか、終了ボタンを押した場合に表示される「バックアップするかどうか」の確認画面で「はい」を選択すると左図のバックアップを実行する《データバックアップ》画面が開きます。（利用設定グループの環境設定画面のシステムで、終了時にデータを保存するの手動で保存するを選択しておきます）

転送元データの欄には、現在書き込んでいたデータ（帳面）が置かれているフォルダーのある場所が書かれていますので、そのまま使用します。

フラッシュメモリー（USBメモリーやSDカード）の使用が一般的になっていますが、フォルダーを作成し、指定することで、フラッシュメモリーにバックアップが行えます。

4-19 入力を始める前に データリストアの方法

USBメモリーなどに保存したデータ（帳面）をハードディスクに戻します。

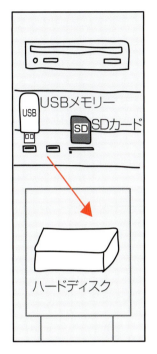

リストア（USBメモリーなどからハードディスクへ）

USBメモリーなどにバックアップしたデータ（帳面）をハードディスクなどパソコン本体内の記録装置に戻す作業が、リストアです。USBメモリーなどにバックアップしたデータをリストアすることで農業簿記のデータ選択に登録され使えるようになります。

どこへ戻すのかを注意してください

バックアップしたデータを持って講習会に行って、講習会の会場のパソコンにリストアしデータの追加をします。再びバックアップして家庭に戻り、これを家庭のパソコンで使えるようにリストアすることも少なくありません。家庭に持って帰った時、間違って前年度の帳面が置かれているフォルダーを指定してリストアすると、前年度のデータが消えてしまいます。リストアの時には、リストア先（転送先データ）に注意してください。

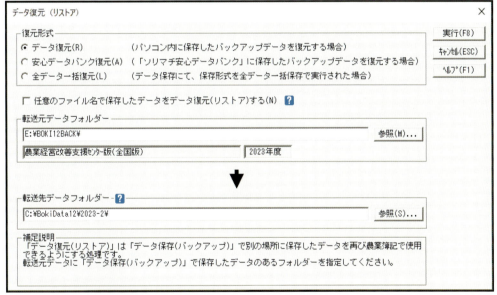

データリストア設定画面

リストアの手順

「農業簿記12」を起動します。データ管理グループ／保存・復元サブグループのメニューから「データ復元（リストア）」を選択します。

転送元データはバックアップを取っていたUSBメモリーやSDカードとなります。USBメモリーやSDカードの場合はバックアップしたフォルダーを指定してください。転送先は、年度などを間違えないように目的のフォルダーを指定してください。実行ボタンを押すとリストアが始まります。

フォルダーの指定の仕方は、70ページを参照してください。

パソコン 複式簿記の演習 1
（毎日の入力）

演習を始めるにあたって

本誌添付の CD − ROM より、ソリマチの「農業簿記12」を使用するパソコンにインストール（ハードディスクにソフトを写す）しておいてください。これらの手順は Appendix の添付 CD − ROM の使い方（164 ページ）を参考にしてください。

5-1 データ（帳面）の選択

これから書き込んでいくデータ（帳面）を選択します。

データ管理グループ／データ選択サブグループ

演習21 全国農業会議所標準データをハードディスクに写し、選択してください。

帳面を選択する

最初に、これから記帳を行うデータ（帳面）を選択しておきます。ダイレクトメニューでデータ管理グループを選びます。次いでデータ選択サブグループを選びデータ選択ボタンを押します。開いたデータ選択画面で選択したいデータ（帳面）を太い枠で囲んで、右上の【選択（Enter）】ボタンを押すか、【選択（Enter）】ボタン下に書かれている「Enter」キーを押します。一度、画面が閉じる確認メッセージが表示されます。OKボタンを押すと、画面がメニューの画面になります。もう一度、選択画面を表示して選択されているかを確認してください。選択したデータ（帳面）の1列目（選）にチェックマークが入っていれば、選択されたことになります。

データ選択画面　選択したいデータ（帳面）を太いワクで囲んでください。

データ名称の修正やデータの削除

データ名称欄に「2023年データ」などと書かれていると選択の時に分かりやすくなります。このデータ名称を変更する場合は、データ選択画面で変更したいデータを選択（太い枠で囲まれた）し、【修正（F4）】ボタンを押します。《データ登録修正》の画面が開きます。データ名称欄で分かりやすいデータ名称を入力してください。

データ登録修正画面

すでに使用しなくなったデータは、一覧から削除できます。選択して【削除（F5）】ボタンを押すと、確認のメッセージが表示されます。【OK】ボタンを押すと削除されます。但し、ハードディスクの中からデータ（帳面）は削除はされません。再度登録することができます。

コピーしたデータを一覧に登録

ハードディスクに直接コピーしたデータを一覧に追加したい時はデータ選択画面で【新規（F3）】ボタンを押します。

データ名称変更と同じ画面が表示されます。データフォルダーにデータが入っているフォルダーの場所を指定します。正確に分からない時は、右側の【参照】ボタンを押すとフォルダー位置を指定する《データフォルダ選択》画面が開きます。フォルダーを指定し、【OK】ボタンを押すと、データ登録修正画面のデータフォルダーに記入されます。【登録】ボタンを押すと一覧に登録されます。

データフォルダー選択画面

90

5-2 基本情報の設定

事業所名など基本の情報を設定します。

初期グループ／基本サブグループ→基本情報の設定

演習22 別冊2ページの基本情報の設定に従って農園名などを入力してください。

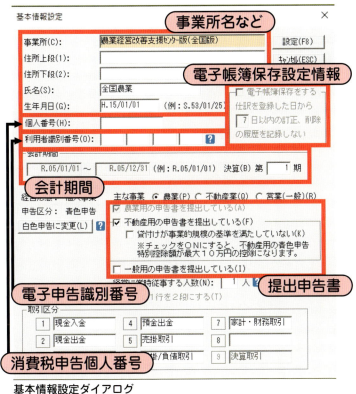

基本情報設定ダイアログ

基本情報を設定する

紙による簡易帳簿などを新規に購入した場合、表紙に農園名や記帳を行う会計期間を書いておきますが、それと同じに、データ（帳面）がどこの農園のデータであるのか、記帳する会計期間などを書いておくのが、基本情報の設定機能です。

設定が終了したら、【設定（F8）】ボタンを押します。メニューに戻ります。

事業所名などを入力

事業所名の入力欄にマウスポインターを置きクリックすると入力欄にカーソルが表示されます。事業所名と住所を入力します。「農業簿記12」では、日本語入力欄にカーソルが移動すると自動的に日本語入力のプログラムが動き出します。そのまま、キーボードから日本語が入力できます。日本語入力ソフトが動かなくて、アルファベットしか入力できない場合は、キーボード左上の「半角・全角キー」を押してください。日本語入力が行えるようになります。また、申告主の生年月日、利用者識別番号（電子申告をする場合）なども併せて入力しておいてください。

会計期間を入力します

現在のデータ（帳面）に記録される取引の会計期間を入力します。個人の青色申告では1月1日から12月31日が会計期間となります。年度は対象となる年度を西暦か和暦で入力します。西暦で入力したものも、和暦で表示されます。入力の仕方は年月日を「20230101」で入力することにより「2023年1月1日」と認識され、和暦に変換されて表示されます。

申告書の指定をします

青色申告では、税務署より、農業用、不動産用、一般用の3種類の青色申告決算書が用意されています。不動産所得も併せて申告している方は、【不動産用の申告書を提出している】チェックボックスをクリックしてチェックを入れておきます。不動産の決算書も作成できるようになります。不動産が主な事業で賃貸物件が事業規模（室数10室以上または貸家5戸以上など）を満たしていない場合は、下の「貸付けが事業的規模の基準を見対していない」チェックボックスにもチェックを入れます。

また、お茶農家で、製茶工場を持っていて小売りを行っている場合は、生葉の生産・販売までは農業で、製茶して小売りする部門は一般用の決算書で出すことが少なくありません。この場合、一般用の決算書が必要ですので、【一般用申告書を提出している】チェックボックスにもチェックを入れておきます。

5-3 部門の設定

部門の設定を行います。部門を設定すると部門ごとの売上と経費、利益が分かるようになります。

初期グループ／基本サブグループ→部門の設定

演習23 別冊2ページの部門を設定してください。

部門を設定すると

「農業簿記12」では部門の設定が行えます。部門を設定し、売上・経費で部門管理を行うようにすると、部門ごとの売上と部門ごとの経費が集計できるようになります。部門ごとの利益（所得）が分かるようになり、翌シーズンの経営を計画する時の貴重な資料となります。

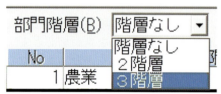

部門階層画面

階層を設定し、部門を登録

初期グループ／基本サブグループの部門設定を選択すると部門一覧画面が表示されます。一覧画面で、最初に部門の階層を、【部門階層】ドロップダウンリストで階層なし、2階層、3階層の3種類から選択します。

階層の設定を行った後に、【新規(F3)】ボタンを押して、部門を設定します。

【新規(F3)】ボタンを押すと、部門設定の《部門設定》画面が開きます。階層設定により、大部門、中部門、小部門のうち記入出来る部門レベルが変わり、階層なしでは小部門だけとなります。この時、入力した部門の内容によって、【所得区分】ドロップダウンリストで所得区分を設定してください。農業の部門では農業所得を選択します。

【設定(F8)】ボタンを押すと一覧画面に戻ります。

部門の設定画面

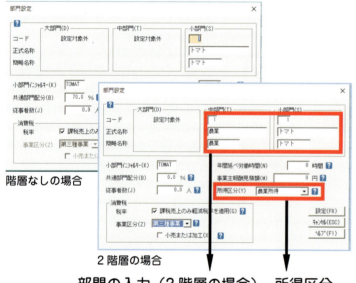

階層なしの場合

2階層の場合

部門の入力（2階層の場合）　所得区分

一覧画面から

一覧画面の部門情報チェックボックスにチェックを入れると、所得区分が表示されます。【挿入(F5)】ボタンを押すと、現在選択している部門の1行上に新しい部門を追加できます。

部門一覧画面

階層なしの場合

2階層の場合（不動産は不動産所得になっています）
部門情報チェック画面

消費税の設定

簡易課税を選択し、部門管理を行う場合、部門ごとに事業区分を設定します。2019年10月より軽減税率が採用されています。詳しくは145ページからを参照して下さい。

5-4 青色申告科目の設定

青色申告の勘定科目を設定します。経費については4項目分追加が行えますので必要に応じて入力します。

初期グループ／詳細サブグループ→青色申告科目

青色申告科目とは

　青色申告では、税務署が申告用に3種類の決算書を用意しています。用意された用紙にはすでに主要な勘定科目が印刷されています。このすでに印刷された勘定科目が青色申告科目です。この青色申告科目への科目の追加などを行うのが、青色申告科目設定です。初期グループメニュー／詳細サブグループメニューの青色申告科目設定を選択します。基本情報設定で「不動産用の決算書を提出している」にチェックが入れてあると、不動産の設定も行えるように、農業の隣に不動産のタブ（不動産を選択できるつめ）が表示されます。一般も同様です。

勘定科目の追加

　農業用青色申告決算書では、経費で4科目追加が出来るようになっています。地域で使用している勘定科目や青色申告科目として用意されていない科目を青色申告科目設定で追加設定が行えます。
　追加する場合、追加したい空いた行（右下図の青色申告科目コード[126]から4行）をマウスでクリックし太い枠で囲んで選択し【修正（F2）】ボタンを押します。《青色申告科目設定》の画面が開きます。《青色申告科目設定》画面で、科目名称とイニシャルキーを入力します。入力が終了したら、【設定】のボタンを押します。一覧画面に戻ります。基本情報設定で「不動産用の申告書を提出している」にチェックを入れた方は、画面上部のタブに不動産も表示されます。タブをクリックして不動産用の勘定科目を選択し設定を行ってください。資産勘定、負債勘定などでも追加が必要であれば、同じように行います。
　また、一覧画面左上の「対応付け同時表示」チェックボックスにチェックを入れると、青色申告科目に対応づけられている簿記勘定科目が表示されます。正しく対応付けられているか確認をしてください。

対応付け同時表示画面▲

青色申告科目設定の画面▼

青色申告科目設定の画面▶

5-5 勘定科目の設定 追加・削除と青申科目対応

勘定科目の追加と削除を行います。また、青色申告書の青申科目との対応も行います。

初期グループ／基本サブグループ→勘定科目設定

挿入	削除	詳細	補助	部門	印刷	機能	ヘルプ	終了
F2	F4	F3	F5	F6	F7	F9	F1	F8

勘定科目の設定では、①勘定科目の追加と削除、②青色申告勘定科目との対応づけ、③補助科目の設定、④期首残高の入力の4設定が行えます。

勘定科目の設定とは

初期グループ／基本サブグループで勘定科目設定を選択すると、《勘定科目の一覧》画面が表示されます。

勘定科目の設定機能では、勘定科目の追加・削除、青申科目との対応付け、補助科目の設定、消費税の課税や非課税等の設定、開始の残高（1月1日の仕事の財布の中身）の入力が行えます。なお、一覧画面での勘定科目のグループ（資産・負債・資本・売上・経費・引当準備金）の変更は左上の【分類】のドロップダウンリストで行います。勘定科目での消費税設定は145ページからを参照して下さい。

勘定科目の追加と削除

挿入ボタンを押した状態の勘定科目一覧画面

勘定科目を追加する場合、追加したい行の下の行の勘定科目を選択しておいて【挿入】ボタンを押します。選択した勘定科目の上に新規追加の行が挿入されます。ここでコード、正式名称を入力します。簡略名称は、自動的に正式名称の5文字が入ります。検索用のイニシャルキーも合わせて入力します。

削除は、削除したい勘定科目を太い枠で囲んで選択しておいて、【削除(F4)】ボタンを押します。削除して良いかの確認メッセージが表示されるので、【OK】ボタンを押すと削除されます。但し、すでに取引の記帳に使われた勘定科目は削除できません。削除したい時は、使用している取引を削除し、データ管理グループ／ツールサブグループにあるデータ再集計で再集計をしてください。こうすると削除できるようになります。

勘定科目グループの選択

勘定科目一覧画面（資産）で青色科目で対応付け

青色申告勘定科目

横スクロールバー

青申勘定科目との対応付け

対応青色申告勘定科目の選択

《勘定科目一覧》画面で、期首残高入力にチェックが入っていないかを確認します。一覧画面の右側に農業・一般・不動産の青色申告勘定科目が表示されます。青色申告勘定科目の一覧をクリックして表示される一覧から選択します。

使用しているパソコンの解像度の設定によっては3種類の青色申告勘定科目が全て表示されません。画面下の横スクロールバーを操作して目的の種類の青色申告科目を表示してください。

5-6 勘定科目の設定 補助科目の設定

勘定科目によってはより詳しい内訳、補助科目を設定します。

補助科目とは

普通預金の勘定科目の場合、農協通帳と銀行通帳というように複数の通帳を使っていることが少なくありません。普通預金からお金が出たり、普通預金にお金が入ってきたりした時、通帳ごとに管理を行わなければ、通帳ごとの残高も分かりません。このため、勘定科目の内訳になる補助科目（普通預金では通帳）を設定します。補助科目を設定する勘定科目としては、普通預金の他に売掛金に対する売掛先や買掛金に対する買掛先、長期借入金の案件などがあります。

2019年10月より消費税の制度が変わりました。標準税率が10%になるとともに、食品等については軽減税率8%となりました。このため、売上高のように消費税が関わる勘定科目では、10%の場合と軽減8%の場合が出てくるため、この税率の違いを補助科目にして入力を行います。詳しくは145ページからを参照して下さい。

補助科目の設定

《勘定科目一覧》画面で補助科目を設定したい勘定科目を選択します。上下の矢印キーもしくはマウスでクリックして太い黒枠で囲まれた勘定科目が選択された勘定科目です。

選択後【補助 (F5)】ボタンを押します。選択された勘定科目の《補助科目設定一覧》の画面が開きます。《補助科目設定一覧》画面の【新規 (F2)】ボタンを押すと、入力用の《補助科目設定》画面が開きます。ここで、正式名称を入力します。正式名称を入力し、「エンターキー」を押すと、正式名称の先頭から5文字が簡略名称として自動入力されます。もし、期首残高が分かっている場合はここで入力します。【設定】ボタンを押すと《補助科目設定一覧》画面へ戻ります。

補助科目を表示した勘定科目一覧画面

補助科目の修正・削除

補助科目の設定一覧画面で、補助科目を選択しておいて【修正 (F3)】ボタンを押すと、選択した補助科目名が入った《補助科目設定》画面が開きます。修正を行い、【設定】ボタンを押します。

削除する場合は、《補助科目設定一覧》画面で、補助科目を選択しておいて、【削除(F4)】ボタンを押します。削除の確認のメッセージが表示されますので、【OK】ボタンを押すと削除されます。

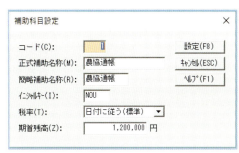

補助科目新規入力の画面

勘定科目一覧画面で【補助】のボタンを押す

補助科目一覧画面の操作ボタン

選択した補助科目の補助科目一覧画面

演習24

別冊2ページの補助科目を設定してください。

5-7 勘定科目の設定 期首残高の入力

本年、1月1日（期首）の仕事の財布の中身（貸借対照表）を登録します。
データ管理／基本の勘定科目設定のほか、期首残高登録でも行えます。

資産は左側（借方）に入力

期首残高の入力とは

　勘定科目は、大きく貸借科目（資産・負債・資本）と損益科目（売上・経費）に分けられます。このうち、損益科目は売上と経費ですので、今年どれだけ売ったか、今年どれだけ費用がかかったかを集計するため、前年度からの繰越はありません。

　一方、貸借科目は、資産、負債、資本です。これらの金額は、毎年1月1日（期首）に0円とはなりません。前年からの繰越があります。前年からの繰越が正確に分かっていないと12月31日（期末）の仕事の財布の中身も実際と違ってしまいます。

　そこで、記帳を始めるにあたって、貸借科目は期首の残高を記入しておきます。この操作はパソコン簿記を始める時の最初の1回だけです。始めるにあたってすべての残高を入力する必要はありません。差し当たって、現金、普通預金の残高を入力し、元入金で貸借を合わせれば始められます。但し、決算前には、すべての入力を行い、貸方と借方の各合計が等しくなるようにしておきます。

負債は右側（貸方）に入力

資産は借方（左）に負債は貸方（右）に

　勘定科目一覧画面上部の【期首残高入力】チェックボックスにチェックを入れます。画面右側で金額の入力が行えるようになります。勘定科目の画面表示を変えるには、左上の【分類】のドロップダウンリストで選択してください。現金や預金などの資産グループの勘定科目は左側（借方）に記入します。また、買掛や長期借入金などの負債グループは右側（貸方）に記入します。

固定資産の期首残高

　トラクターや温室など固定資産の期首残高は、1月1日の残存価値、期首帳簿価額が期首の残高となります。建物、構築物、機械装置、車両運搬具など、勘定科目ごとに合計して記入します。期首帳簿価額が分からない時は、資産台帳グループの減価償却資産登録に、手持ちの資産を登録します。登録すると、期首の帳簿価額が計算されます。減価償却資産登録画面の【表(F6)】ボタンを押して総括の勘定科目別集計を利用して勘定科目ごとの期首残高をメモして入力します。

資本は元入金を0にして貸借差額を入力

資本は資産から負債を引く

　個人の青色申告では、利益は事業主の所得（生活費に使われます）なので法人のように、毎年の積み重ねで資本の金額を計算することが出来ません。資産の合計から負債の合計を引いた金額を資本の元入金勘定科目に記入します。この時、元入金を0円にして、画面下に表示された「貸借差額」を入力します。入力をすると「貸借差額」が「0」となり資産の合計と負債・資本の合計が等しくなります。

　資産や負債の金額を追加・修正した場合も元入金を0円にして、貸借差額で計算された金額を入力します。

 別冊3ページの期首残高を入力してください。

5-8 仕訳辞書の確認

仕訳のパターンが登録されているのが仕訳辞書です。
内容を確認しておきましょう。

初期グループ／詳細サブグループ→仕訳辞書登録

経過変更	税率変更	修正	新規	削除	印刷	ヘルプ	終了
F11	F9	F2	F3(Insert)	F4(Delete)	F7	F1	F8

パソコン簿記の最大の特徴

　初期グループ／詳細サブグループで仕訳辞書登録を選択すると、《仕訳辞書登録》の画面が開きます。パソコン簿記の最大の特徴がこの仕訳辞書です。取引のパターンごとに摘要文、借方勘定科目、貸方勘定科目等が設定されています。日常の入力は、このパターンを選択することで行います。このため、借方・貸方の勘定科目を間違えるということがなくなります。また、辞書に登録されていない取引が出てきた時は、振替伝票に手書きするように入力画面で入力していくと、仕訳辞書に登録することも可能で、次回からは選択するだけで使用できるようになります。もし間違ったパターンが登録されてしまった場合は、この《仕訳辞書登録》画面を表示して修正します。

仕訳辞書一覧画面

仕訳辞書の検索

辞書の検索

　登録された辞書は、画面上の検索機能を使用して、検索が行えます。取引区分や勘定科目、仕訳辞書名を入力し、検索ボタンを押すことで検索できます。

登録と修正

　入力画面からだけでなく、仕訳辞書登録の画面から、新規取引の登録やすでに登録した仕訳の修正が行えます。

　新規に登録する場合は【新規（F3）】ボタンを押します。《仕訳辞書登録修正》の画面が開きます。

　コード番号は自動的に入力されます。摘要文、借方・貸方の勘定科目を設定します。

　すでに設定した仕訳を修正する時は、修正したい仕訳を太い枠で囲んで選択しておき、【修正（F2）】ボタンを押します。《仕訳辞書登録修正》の画面が開きます。修正する項目を修正してください。取引区分は、選択した勘定科目に合わせて選択します。（例：売上げて現金が入ってきた時は「現金入金」になります。）勘定科目ごとに消費税区分を選択した場合、消費税処理と消費税率を設定します。詳しくは145ページからを参照して下さい。

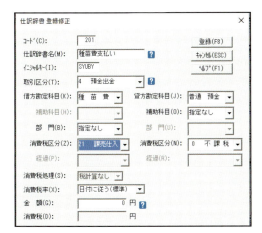

登録修正の画面

5-9 備考文の確認

摘要文のより詳しい内容を記録しておくのが備考文です。
備考文登録を確認しておきます。

初期グループ／詳細サブグループ→備考文辞書登録

修正	新規	削除	印刷	ヘルプ	終了
F2	F3(Insert)	F4(Delete)	F7	F1	F8

簡易振替入力画面での備考文位置

簡易振替伝票での備考文入力欄

備考文辞書登録の一覧画面

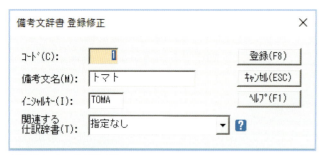

新規備考文の登録画面

備考文とは

初期グループ／詳細サブグループで備考文辞書登録を選択します。伝票の入力を行う時、「肥料を購入」という摘要文だけではどのような肥料を購入したのか分かりません。こうした時、備考文として肥料の名称などを入力しておくことが出来ます。後で集計・分析グループの集計サブグループにある摘要別集計表を使用すると、摘要文別の購入金額の合計や数量の合計が集計できます。経営に必要な備考文を書き込んでおくと良いでしょう。備考文は、画面上の検索機能により、検索が行えます。

一覧画面で備考文を登録する

初期グループの詳細サブグループにある備考文辞書登録をクリックすると、《備考文辞書登録一覧》が表示されます。新規に備考文を登録する場合は、【新規（F3）】ボタンを押します。《備考文辞書登録修正》の画面が開きます。コード番号は自動的に入力されるので、備考文を記入し、次いで備考文を探すためのイニシャルキーを入力します。本書では、ローマ字入力をおすすめしているので、イニシャルーは、半角のアルファベット5文字以内で入力します。

修正したい場合は、修正をしたい備考文を太枠で囲んで選択します。【修正（F2）】ボタンを押します。《備考文辞書登録修正》の画面が開きます。修正したい項目を選択し修正します。

98

5-10 入力中の摘要文・備考文登録

仕訳辞書や備考文は入力をしながら登録が出来ます。簡易振替伝票で入力中の登録の方法です。

入力中でも新規の摘要文・備考文を登録できます

取引を入力中に新規の摘要文や新規の備考文を入力したい場合、いちいち初期グループ／詳細サブグループの仕訳辞書登録や摘要文登録に戻らなくても入力しながら、新規登録が行えます。なお、下記の例は簡易振替伝票入力での新規登録を例としてあげてあります。

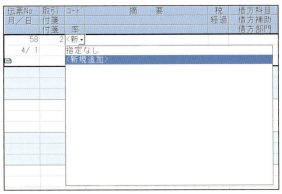

取引区分選択後、取引に合った摘要文が無い時は新規追加を選択します。

摘要文を入力します。この後、借方・貸方勘定・金額などを入力して、伝票を完成させます。次の伝票に移ると仕訳辞書に登録されます。

新規摘要文登録

摘要文の選択一覧に目的の摘要文が無かった時です。【摘要文を選択する】のドロップダウンリストを開いて選択します。目的の摘要文が無かった時は、〈新規追加〉を選択します。数字の0を入力すると指定なしと〈新規追加〉が表示されます。

《仕訳辞書新規登録》の画面が開きます。コード番号は自動的に記入されているので、摘要文を記入し、イニシャルキーを記入します。イニシャルキーは、ローマ字入力をお勧めしているので、アルファベットで記入します。

【登録（F8）】ボタンを押すと、摘要入力欄に記入した摘要文が表示されます。借方、貸方の勘定科目を選択し、金額などを入力して、最後の項目で「エンターキー」を押して、入力中の取引の入力が終了すると、仕訳辞書にも登録されます。

新規備考文の登録

備考文の選択一覧に目的の備考文が無かった時は、一覧から〈新規追加〉をクリックするか、「新規追加」を選択し「エンターキー」を押します。《備考文辞書新規登録》の画面が開きます。

コード番号は自動で記入されているので、備考文を記入し、イニシャルキーを記入します。

【登録（F8）】ボタンを押すと、備考文の入力欄に新規登録した摘要文が表示されるとともに、備考文辞書にも登録がされます。

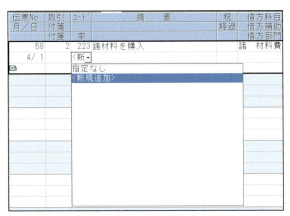

取引に合った備考文が無い時は新規追加を選択します。

新規備考文入力画面

間違った内容を登録してしまった時

勘定科目など間違った内容を登録してしまった時は、取引の入力画面では訂正できません。そのままにしておくと、毎回間違えた仕訳や摘要が入力されてしまいます。間違えた時はすぐに修正してください。修正は初期グループ／詳細サブグループの《仕訳辞書登録画面》や《備考文辞書登録画面》を表示して修正します。

入力の練習の際に

演習問題のうち、幾つかは摘要文・備考文を作っていません。この場合は、新規に作りながら入力をしてください。

5-11 入力の練習1 簡易振替伝票入力

簡易振替伝票入力での入力方法を下の例題で練習しましょう。
入力の練習で例題に入る前に入力と集計の全体像を学んでください。

日常グループ／帳簿サブグループ→簡易振替伝票入力

前年仕訳	メ モ	振伝変換	不動産	ヘルプ	仕訳博士	終 了
F11	Shift+F3	Shift+F7	Shift+F6	F1	Shift+F2	F8

挿 入	削 除	コピー	ジャンプ	電 卓	機 能	おきまり
F2(Insert)	F3(Delete)	F4	F5	F6	F7	F9

練 習 1月4日にトマトの苗を5,000円、現金で購入、次いで1月8日普通預金（農協通帳）からトマトの苗を15,000円購入した取引も入力してください。

日付入力

1231 → 12/31
月日
9月までは月は1桁で入力します。

① 日付を入力

画面上部の表示順で入力順を選択しておきます。日付は、1月1日でしたら「101」、12月1日では「1201」、12月31日では「1231」と入力すると、月と日の間に「／」が自動的に入ります。104と入力します。エンターキーを押すかマウスで取引区分を選択します。月ごとに入力を行う場合は、その月を上部の月別のタブで選択しておきます。月がバラバラで入力する場合は、全表示を選択しておきます。

取引区分選択

② 区分を選択

マウスでは――ドロップダウンリストの▼ボタンをクリックし、表示された一覧から目的の区分をクリックします。
キーボードでは――「スペースキー」を押すと区分の一覧が表示されます。「矢印キー↓↑」を上下させて目的の区分のバックが青になるように選択します。「エンターキー」を押すと、選択した区分が選ばれます。入力の際はキーボード入力をお勧めします。

摘要文選択　イニシャルキー

③ 摘要文選択

マウスでは――摘要文の項目で、ドロップダウンリストの「▼ボタン」を押します。選択された区分の摘要文が表示されます。表示された一覧から目的の摘要文を選択します。
キーボードでは――「スペースキー」を押すと摘要文の一覧が表示されます。「矢印キー↓↑」を上下させて目的の摘要文のバックが青になるように選択します。「エンターキー」を押すと、選択した摘要文が入力されます。キーボードからアルファベットのイニシャルキーを入力すると、選択対象を絞り込め、目的の摘要文が探しやすくなります。

入力された仕訳

備考文（コード、内容）、数量は入力するデータが無い場合は、エンターキーを押して、次の入力項目へ移動します。部門と補助科目は必ず入力してください。

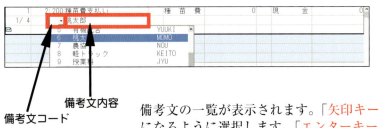

備考文コード　備考文内容

④ **備考文選択**

マウスでは——備考文の項目で、ドロップダウンリストの「▼ボタン」を押します。備考文の一覧が表示されます。表示された一覧から目的の備考文を選択します。

キーボードでは——「スペースキー」を押すと備考文の一覧が表示されます。「矢印キー↓↑」を上下させて目的の備考文のバックが青になるように選択します。「エンターキー」を押すと、選択した備考文が入力されます。キーボードでアルファベットのイニシャルキーを入力すると絞り込めます。

⑤ **部門を入力**

売上と経費については部門（部門を設定している場合）を入力します。

マウスでは——部門の項目でドロップダウンリストの「▼ボタン」を押します。部門の一覧が表示されるので、目的の部門をクリックします。

キーボードでは——「スペースキー」を押すと部門の一覧が表示されます。「矢印キー↓↑」を上下させて目的の部門のバックが青になるように選択します。「エンターキー」を押します。

⑥ **金額、税区分の入力**

キーボードから金額を入力します。消費税を別途計算しない場合（消費税込の金額）は、借方でも貸方でもどちらで入力しても、同じ金額が借方と貸方の両方に入力されます。勘定科目の前の消費税区分も消費税の申告書を作成している方は、入力します。詳しくは145ページからを参照して下さい。

金額を入力して「エンターキー」を押すと、右側（貸方）科目が選択されます。間違っていなければそのまま「エンターキー」を押します。貸方金額も既に借方で金額が入力されていれば「エンターキー」を押して次項目へ移動します。マウスの場合は、次の入力項目をクリックします。

⑦ **数量の入力**

購入した数量が分かっている場合は数量を入力します。入力できない場合は、【機能（F7）】ボタンで入力できるよう設定してください。普通預金から引落しになった取引も続けて入力してください。（取引区分は預金出金）

操作ボタン

 削除　削除したい伝票を選択し（クリックや↓キーで移動して太い黒枠で囲む）【削除（F3）】ボタンを押すと仕訳が削除されます。削除前に確認の画面が表示されます。削除する場合は【ＯＫ】ボタンを押します。

 挿入　伝票を挿入したい行の一つ下の伝票を選択しておいて、【挿入（F2）】ボタンを押すと、空白の仕訳入力欄が作成されます。

 電卓　数字を入力する項目が選択されている時に使用できます。【電卓（F6）】ボタンを押すと電卓が表示されるので電卓で計算します。【ＯＫ】ボタンを押すと計算結果が伝票に入力されます。

機能　【機能（F7）】ボタンを押すと、《機能》の画面が開きます。入力順序や伝票番号などの設定が行えます。数量を入力するかどうかも設定できます。

振伝変換　【振伝変換（Shift+F7）】ボタンを押すと、簡易振替入力で入力した伝票を振替伝票に替えることができます。振替伝票を基本で行っている方は、簡易で入力した伝票も振替に替わります。

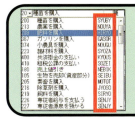

イニシャルキー

摘要文や勘定科目の日本語表示の右側にアルファベットが5文字書かれています。これがイニシャルキーです。摘要文や勘定科目を素早く探すためにあります。摘要文の項目を選択します。種苗を選択するときは、キーボードから（SYUB）と入力してみてください。SYUBのイニシャルキーを持った摘要文だけに絞り込まれ、種苗購入の摘要が容易に探せます。

5-12 入力の練習2 振替伝票入力

複数行で入力する振替伝票入力の練習をします。

日常グループ／帳簿サブグループ→振替伝票入力

農業では、現金で肥料を購入したり、通帳から引落で農薬を購入したり、借方・貸方が一勘定ずつの伝票で記録のできる取引が多く、ほとんどが簡易振替伝票入力で済んでしまいます。複数行で記録することは少ないとはいえ、入力方法について説明をします。

● 事　例

売上　花　　売上手取り　 80,000 円　委託販売手数　 8,000 円　売上高　 88,000 円　消費税率　10％
　　　野菜　売上手取り　120,000 円　委託販売手数　12,000 円　売上高　132,000 円　消費税率　 8％（軽減）

支払いは 100,000 円が現金、100,000 円が掛（売掛金）という場合です。

売上は全部で 220,000 円。内 手取り 200,000 円、販売手数料（経費）20,000 円で 220,000 円です。なお、消費税が 10％になった、2019 年 10 月以降の場合で入力しています。なお、簡易課税を選択しています。

振替伝票画面

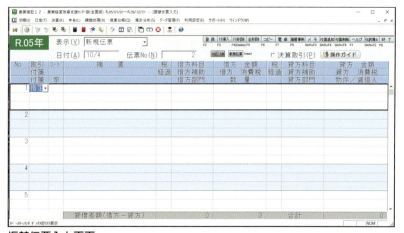

振替伝票入力画面

振替伝票画面は、表示されている画面が、ちょうど振替伝票の1枚と一緒です。上部に表示と日付、伝票Noの入力欄が表示されています。

表示蘭では新規の伝票か検索かなどが選択できます。ここではこれから入力を行うので新規伝票です。

日付は取引発生日の日付です。伝票Noは自動的に入力されます。

下側の部分は、具体的な取引を入力する部分です。振替伝票と同じように複数の行から構成されています。一番下には借方、貸方の金額合計が計算されます。

振替伝票入力

① 日付など及び1行目の入力

現金の受取と野菜売上を入力

日付を入力します。伝票番号は自動的に入力されます。

1行目は、売上げにて現金をもらっていますので、現金入金の農産物の出荷を選択しました。現金をもらったのは 100,000 円なのでその金額を入力、貸方は、野菜（トマト）を売ったのが 120,000 円（手取り）と委託販売手数料分（これも課税売上になる）を足した 132,000 円を入力しました。売上高の部門はトマトを選択。

② 手取りの内、売掛を入力

手取り金額の内、売掛部分 100,000 円を、直接勘定科目を選択して入力します。金額も 100,000 円と入力します。

③ 花売上の入力

花の売上の手取り部分は 80,000 円となり、委託販売経費相当分の売上が 8,000 円となっています。花は消費税 10％なので、委託販売経費に相当する売上は非課税となります。80,000 円と 8,000 円にわけ 80,000 円は課税に、8,000 円は非課税に設定するとともに、税率は 10％を選択します。これらはひとつひとつ自分で伝票に書くように選択していきます。部門は花を選択。

売掛と花売上の入力

④ 手数料の荷造運賃勘定科目を入力

手数料に当たる荷造運賃勘定科目を入力します。花とトマトとあるので、それぞれの収益がわかるようにするためには分けて入力し、部門を指定しています。これでこの入力は完成しました。

⑤ 簡易振替伝票にも表示

振替伝票で入力した伝票は、簡易振替伝票に反映されるので、こちらでも確認が行えます。

入力結果

操作ボタン

登録 入力が終わったら、【登録】ボタンを押すと登録されます。

行挿入 行削除 全削除 複数行の入力なので、【行挿入】【行削除】【全削除】ボタンが用意されています。これらのボタンで操作が行えます。

付箋追加 付箋削除 入力した各行に付箋を付けることができます。上だけ下だけが選べます。

5-13 入力の練習3 出納帳入力

練習を元に出納帳入力の練習をします。

練習　1月10日に、現金でトマト用に種苗を購入した取引です。

機能設定画面で出納帳の固定科目設定

　出納帳には、現金出納帳と預金出納帳、売掛帳、買掛帳、経費帳の5つの出納帳が用意されています。これらの出納帳で固定する勘定科目を、【機能(F9)】ボタンを押して、《機能》画面の固定科目設定で設定します。現金は現金に、預金出納帳では普通預金とその補助科目、売掛帳では売掛金と売掛先の補助科目、買掛金では買掛金と買掛先の補助科目、経費帳では記入したい経費勘定を設定します。出納帳の入力画面で各出納帳の変更は行えます。

　なお、同じ月の入力を続ける場合は、月別のタグでその月を選択しておきます。そうでない時は、全表示を選択しておきます。

現金出納帳
現金の出入りを入力します。

預金出納帳
普通預金の出入りを入力します。
通帳（補助科目）が設定されている場合は、出入りを入力する通帳（補助科目）を選択しておきます。通帳の残高と画面の残高が同じかを確認をして下さい。同じであれば正しく入力されています。

売掛帳
売掛の発生と回収を入力します。
売掛先（補助科目）が設定されている場合は入力する売掛先（補助科目）を選択しておきます。残高は売掛残となります。

買掛帳
買掛の発生と返済を入力します。
買掛先（補助科目）が設定されている場合は、入力する買掛先（補助科目）を選択しておきます。

現金出納帳での入力順

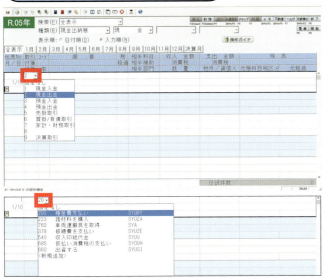

摘要文の選択

備考文の入力

部門の入力

金額の入力

① 日付の入力と区分の選択

日付を入力して「エンターキー」を押すと取引区分の欄が選択されます。取引区分のドロップダウンリストから取引区分を選択します。現金出納帳では「現金入金」か「現金出金」を選択します。「エンターキー」を押すと摘要欄が選択されます。

② 摘要文の選択

取引にあった摘要文を選択します。相手科目に現金の相手科目が入力されます。もし、現金出納帳で現金科目が貸方・借方どちらにも無い摘要を選択した場合は、相手科目が表示されません。また、目的の摘要文が無かった場合は、「新規追加」を選択し、《仕訳辞書 新規登録》画面で新規に登録し出納帳に記帳するように入力します。

③ 備考文を入力

備考文を入力します。目的の備考文が無かった場合は、「新規追加」を選択し《備考文辞書 新規追加》画面を表示し、新規に追加します。

④ 部門を入力

相手科目が売上グループや経費グループの科目の時は部門を入力します。

正しい勘定科目が選択されている場合は「エンターキー」で次に移動します。

⑤ 金額を入力

現金出金摘要文を選択した場合（種苗の購入で現金出金）は、現金勘定が貸方になるため、金額の入力を促す0が貸方に表示され、金額を入力します。売上のように現金入金の場合は、借方に0が表示され、入力します。

⑥ 残高を計算

金額を入力して次の行へ移動すると、残高が自動的に計算されます。

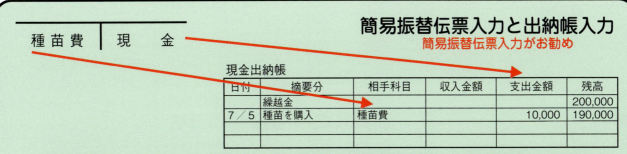

簡易振替伝票入力と出納帳入力
簡易振替伝票入力がお勧め

現金出納帳の相手方科目は、簡易振替伝票の現金の相手側科目です。ここでは種苗費です。また、現金は右側（貸方）にあるので、金額は支出の覧に入力されます。**選択して入力するだけならば出納帳入力も分かりやすいのですが、新規に登録する場合、現金出納帳で相手科目を現金にしたりする失敗をよく見ます。最初は、簡易振替伝票入力をお勧めします。**

5-14 入力の練習4 らくらく仕訳入力

複式のパソコン簿記を初めて行う方へ「らくらく仕訳入力」が用意されています。

日常グループ／帳簿サブグループ→らくらく仕訳入力

らくらく仕訳入力の概要

日常メニューの中の1つである「らくらく仕訳入力」の使い方を説明します。初めて使う人にも易しく入力が行えるように工夫されています。

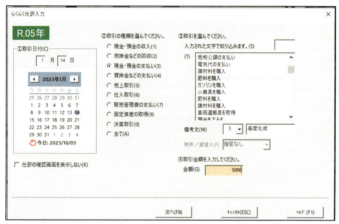

最初の画面

設定の最初の画面

設定の最初の画面では、まず日付、取引の種類を選択します。次いで、リストボックスに表示された取引一覧から目的の取引を選択します。必要に応じて備考文を選択します。また不動産取引の賃貸料（賃借料）収入の仕訳の場合は、物件／賃借人の登録も行います。

最後に金額を入力します。すべて入力したら、【次へ（F8）】ボタンを押します。

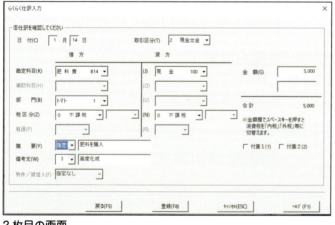

2枚目の画面

2枚目の設定画面

2枚目の画面では、選択した内容の確認を行います。もし勘定科目が違っていたり、金額が違っている場合、また税区分が入力されていない場合などは、ここで訂正が行えます。

【登録（F8）】ボタンを押すと、登録されます。

登録された仕訳

らくらく仕訳入力により仕訳を行った結果です。
簡易振替伝票入力で入力した結果と同じように登録されています。

5-15 入力の練習5 元帳と試算表の確認

練習を入力したら、結果を元帳と試算表で確認してみましょう。

日常グループ／帳簿サブグループ→元帳

集計分析グループ／集計サブグループ→合計残高試算表

元帳を確認

元帳（現金）の一覧

元帳（種苗費）の一覧

入力が終了したら、元帳を表示してみましょう。日常グループ／帳簿サブグループの元帳を選択します。《元帳》画面が開きます。画面上部の表示順オプションボタンで表示順を日付順にします。《元帳》画面左上の【勘定科目】のドロップダウンリストで勘定科目を選択します。イニシャルキーを使用すると、表示させたい勘定科目が容易に選択できます。

入力の練習で使用した、現金、普通預金、種苗費を確認しましょう。手書きでは大変だった元帳が自動的に作成されています。

残高が違っていないか、グループで学習している方はお隣と合わせてみてください。

試算表を確認

合計残高試算表（貸借対照表）

合計残高試算表（損益計算書）

集計・分析グループ／集計サブグループの合計残高試算表を選択し、合計残高試算表を表示します。画面右上の【集計範囲】にマウスポインターを移動してドラッグし、1月から決算までを集計範囲にします。1月から決算までの文字の下に赤い線が引かれます。

タブで貸借対照表を選択し、現金や預金の繰越金額、借方金額、貸方金額、残高を確認してください。

また、タブで損益計算書を選択し、種苗費の借方金額、残高を確認してください。

このように、入力さえ行えば、パソコンが残高試算表を作成します。

また、試算表から勘定科目を太枠で囲んで選択し、【元帳（F3）】ボタンを押すと、選択した勘定科目の元帳が表示されます。

5-16 入力の練習6 仕訳日記帳の確認

簡易振替伝票入力、振替伝票入力、出納帳入力などで入力した伝票のすべてが一覧として確認できます。

日常グループ／帳簿サブグループ→仕訳日記帳

仕訳日記一覧とは

入力には、簡易振替伝票入力、振替伝票入力、出納帳入力、らくらく伝票入力の4入力方法が用意されていますが、どの方法で入力しても、仕訳日記帳一覧ではすべてのデータが一緒に表示されます。これにより、入力したデータを統一的に確認できます。決算が終わったら、仕訳日記帳も元帳とともに印刷しておきましょう。

仕訳日記一覧

伝票内容の置換

入力した内容によっては、複数の仕訳で使っている同じ勘定科目を別の勘定科目に変更したい、部門を変更したいといった場合が出てくることがあります。一つ一つ訂正することは、手間も時間もかかります。こうした場合に便利な機能として、「置換」の機能があります。【置換（F4）】ボタンを押して置換設定の画面を開きます。置換前の勘定科目や、置換後の勘定科目などを指定して、【開始（F8）】ボタンを押すと、置換方法の選択画面が表示され、方法を指定すると置換が始まります。置換は、一つずつ置換する場合、すべてを一挙に置換する場合などが選択できます。

置換を行う場合は、その前に確実にバックアップをとっておきましょう。

置換設定画面

メモ機能について

ある仕訳を行った場合、その仕訳に詳しいメモをつけておきたい時に、【メモ（Shift+F3）】ボタンを押すと、入力画面が開きメモが入力できるようになります。あとで、その仕訳がどのような状況、考え方で行ったかを知ることができます。

5-17 入力の練習7 農業日記入力

天候や覚えなど農業日記を記録することが行えます。
簡易な作業日誌として利用もできます。

日常グループ／帳簿サブグループ→農業日記

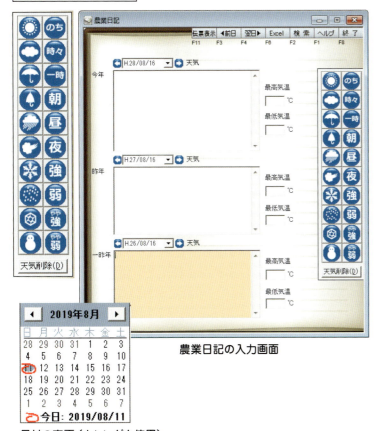

農業日記の入力画面

日付の変更（カレンダを使用）

農業日記とは

　農業日記の画面は、指定した日付の今年、昨年、一昨年の農業日記の表示・記入欄と天気の入力ボタンから構成されています。

　日付は、画面上のボタンの【前日へ（F3）】【翌日へ（F4）】ボタンによって変更するか、日付の横のボタンを押して変更をします。

　日付横のボタンを押すと、カレンダーが表示されます。カレンダーから目的の日付を選択してください。

　天気の入力は、天気の図から入力します。「晴れのち曇り」の場合は、「晴れ」の図（ボタン）をクリックし、続いて「のち」のボタンをクリックし、最後に「曇り」の図（ボタン）をクリックします。

　入力した日記は、【Excel（F6）】ボタンを押すと、Excelファイルへ出力できます。

　【伝票表示（F11）】ボタンを押すと、簡易振替伝票を表示します。

農業日記の検索

　入力された農業日記は、検索が行えます。【検索（F2）】ボタンを押すと、検索の設定画面が開きます。日付や作物名など農業日記に記入されている検索文字を指定し、開始ボタンを押すと、検索が行えます。

検索設定画面

検索結果画面

5-18 入力の練習8 決算書を作る

入力さえ行えば決算書もパソコンが作成します。

申告グループ／決算書サブグループ
→青色申告決算書印刷

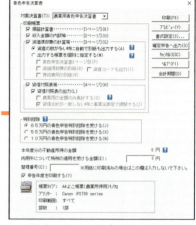

設定のための青色申告決算書画面

農業青色申告決算書1ページ目

農業青色申告決算書4ページ目

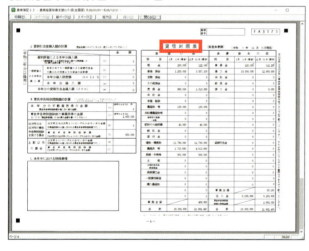

青色申告書の作成

申告グループ／決算書サブグループの青色申告決算書印刷を選択すると《青色申告決算書印刷》設定の画面が表示されます。

対象決算書の選択、印刷帳票、特別控除などの設定を行います。

農業用青色申告決算書を選択し、印刷帳票は「減価償却のみ出力」以外のすべてにチェックを入れてください。

【プレビュー】ボタンを押すと、決算書が画面に表示されます。プリンターの設定が行われていないと画面に表示されません。もし、表示されない場合はWindowsのコントロールパネルかPC設定でプリンターが設定されているか確認してください。また、入力の時に部門で共通部門を使用していると表示されない場合があります。入力画面に戻って確認するか、初期グループの詳細サブグループの共通部門の配分を行ってください。

表示された練習入力結果の決算書画面、1ページ目の損益計算書で種苗費に金額が入っているか確認します。

また、画面上部の【次ページ(N)】ボタンを押して4ページ目の貸借対照表を表示し、残高を確認してください。

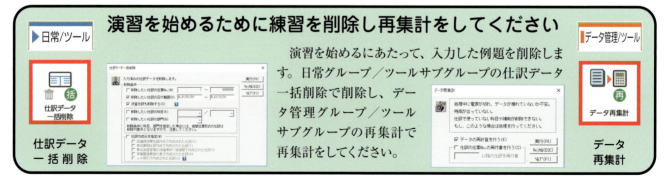

5-19 入力の練習9 経営基盤強化準備金明細書

担い手に対する新たな税制特例用の明細書を作成します。

申告グループ／決算書サブグループ
→経営基盤強化準備金明細書

経営基盤強化準備金明細とは

　農業経営基盤強化準備金とは、認定農業者など担い手が、経営所得安定対策などの交付金や補助金を農業経営改善計画に従い、農業経営基盤強化準備金として積み立てることが出来、その場合、積立金を個人は必要経費に、法人は損金に算入できるという制度です。

　経営基盤強化準備金明細書機能では、積立の管理と明細書の作成を行います。

準備金の経費算入

管理画面（経営基盤強化準備金明細書）の内容

　農業経営基盤強化準備金明細書を作成するために、3画面が用意されています。

　1枚目は、明細書に印刷する基本的な項目を入力します。
　2枚目は、準備金の記録を行うとともに、取り崩し（固定資産などの取得など）や5年経過した後の管理などを行う画面です。
　3枚目は、経営計画に従って、取得した農用地などに係わる必要経費に関する明細書に印刷する内容を入力するようになっています。

準備金の取崩し

農用地等
印刷プレビュー画面と設定画面

明細書の印刷

　経営基盤強化準備金明細書画面の【印刷（F7）】ボタンを押すと表示されるダイアログで【プレビュー】ボタンを押すとプレビューが表示されます。
　【印刷】ボタンを押すと、明細書の印刷が行えます。

5-20 現金の入・出金の演習

参照 36、37ページ

現金で資材を購入した時や直売で現金収入があった時の入力を学習します。

領収書

農業会議農園様　　1月4日

¥15,000

但し　トマト種苗費として

有楽町農業資材（株）
東京都千代田区有楽町
電話　03-****-****

1月9日　直売でトマトを3,000円販売

現金の出金では、トマトの種苗代金として15,000円支払った領収書を例題とします。また、現金入金では、直売でトマトを3,000円販売した取引を例とします。キーボード操作で入力します。

演習25　別冊4ページの例題を除いた領収書と庭先販売の取引を入力してください。

取引区分を選択

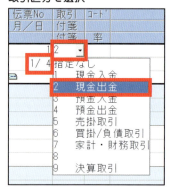

摘要文を選択

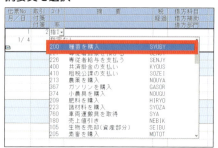

スペースキーで一覧表示・矢印キーで選択・エンターキーで確定

現金の出金入力

① 日付と取引区分の選択（現金出金）

左上の領収書を入力します。最初に日付を入力します。日付を入力し、「エンターキー」を押すと、取引区分の項目が選択されます。「スペースキー」を押すと、取引区分の一覧が表示されます。領収書を受けとり、現金を出金していますので、矢印キーで「現金出金」項目のバックが青になるように選択し「エンターキー」を押します。取引区分の欄に2が入力され、隣の摘要コードの項目が選択されます。

② 摘要文の選択（種苗を購入）

「スペースキー」を押して、摘要文の一覧を表示します。矢印キーで目的の摘要文を選択します。

すぐに見つからない場合は、キーボードからイニシャルキーを入力してください。まずトップのアルファベット（S：種苗費・SYUBYの支払なのでS）を入力すると、入力したアルファベットからイニシャルキーが始まる摘要文に絞り込まれます。それでも、まだ摘要文が多い時は、2番目のアルファベット（Y）を入力します。こうして、目的の摘要文を探します。矢印キーで選択し「エンターキー」を押すと、摘要文と左側（借方）・右側（貸方）の勘定科目が入力されます。

③ 備考文の選択

備考文の入力が必要な場合は備考文を選択します。上図の領収書ではトマトの品種などが入っていませんので、「エンターキー」で次へ移動します。2回「エンターキー」を押して部門まで移動させます。

④ 部門と金額の入力（トマト）

経費と売上は部門管理をしているので、経費勘定科目では部門を入力します。「スペースキー」で一覧を表示し、選択してください。次いで「エンターキー」を押して金額欄を選択し、金額を入力します。数量も領収書には書かれていませんので「エンターキー」を押します。次伝票の日付が選択されます。

備考文は登録する内容がないのでエンターキーで移動します

複数部門に関係する場合（部門設定時もしくは決算時に共通部門の配分を行います）

経費・売上は部門管理をしているので、部門を入力します。ガソリン代（動力光熱費）などでは、複数の部門にまたがる場合も出てきます。こうした時は、共通部門として部門を入力します。共通部門を使用した場合は、初期メニューグループの「共通部門の配分」で、部門ごとの割合を設定します。

機能の設定

簡易振替伝票入力画面や元帳などの画面には【機能】ボタンが用意されています。機能のボタンを押すと、機能の設定画面が開きます。伝票入力の方法が設定できます。

伝票入力画面の入力順、日付順は、画面上部の表示順の設定で選択します。ラジオボタンで選択してください。

画面上部に表示

取引区分を選択

現金の入金入力

① 日付と取引区分の選択（現金入金）

トマト直売の取引を入力します。最初に日付を入力します。日付を入力し、「エンターキー」を押すと、取引区分の項目が選択されます。「スペースキー」を押すと、取引区分の一覧が表示されます。直売で現金が入金していますので、矢印キーで「現金入金」項目のバックが青になるようにし（選択し）「エンターキー」を押します。

取引区分の欄に1が入力され、隣の摘要文コードの項目が選択されます。

摘要文の選択

② 摘要文の選択（農産物を出荷）

「スペースキー」を押して、摘要文の一覧を表示します。矢印キーで目的の摘要文を選択します。

摘要文がすぐに見つからない場合は、キーボードからイニシャルキーを入力してください。まずトップのアルファベット（N：農産物を出荷・NOUSA なので N）を入力すると、入力したアルファベットからイニシャルキーが始まる摘要文に絞り込まれます。それでもまだ摘要文が多い時は2番目のアルファベット（O）を入力します。こうして、目的の摘要文を探します。選択し「エンターキー」を押すと、摘要文と借方・貸方の勘定科目が入力されます。

③ 備考文の選択

備考文の入力が必要な場合は備考文を選択します。トマトは部門で入力しますので、備考文に入れる内容はありません。「エンターキー」で金額まで移動します。

備考文の内容はありませんのでエンターキーで移動します

	1	1	100	農産物を出荷		現	金	0	売 上 高	0
1/ 9		指▾								

入力結果

	1	1	100	農産物を出荷		現	金	3,000	売 上 高	3,000
1/ 9								2.00	トマト	

④ 部門と金額の入力（トマト）

経費と売上は部門管理をしているので、売上勘定科目では部門を入力します。売上高は正しいのでそのまま「エンターキー」を押すと部門の欄に移動します。部門トマトを選択します。「エンターキー」を押して金額欄を選択し、金額3,000を入力します。

1枚の領収書で複数購入があった場合

1枚の領収書で複数の資材を購入した場合、手書の伝票では右の上にあるような伝票になります。簡易振替伝票で入力する場合は借方・貸方科目が一つずつなので、下のように2行に分けて入力して下さい。

借 方		摘　要	貸 方	
金額	科目	NO	科目	金額
50,000	肥料費	現金で肥料・	現　金	80,000
30,000	農薬費	農薬を購入		
80,000				80,000

摘要	借 方		貸 方	
	科目	金額	科目	金額
肥料を購入	肥料費	50,000	現金	50,000

摘要	借 方		貸 方	
	科目	金額	科目	金額
農薬を購入	農薬費	30,000	現金	30,000

113

5-21 預金の入・出金の演習

参照 38、39ページ

預金から出金をして資材を購入したり、預金に売上金が入ってきた取引を入力します。

普通預金（兼お借り入れ明細）				
	年月日	摘 要	お支払い金額	お預かり金額	差し引き金額
1		繰 越			¥1,200,000
2	1-9	農薬費が引落	¥15,000		¥1,185,000

普通預金（兼お借り入れ明細）				
	年月日	摘 要	お支払い金額	お預かり金額	差し引き金額
10	1-13	売り上げる（トマト）		¥300,000	¥1,300,000

預金出金では、1月9日に農薬費が引落になった取引を例題とします。また、預金入金では、1月13日に売上げて預金に入金になった取引を例とします。

演習26 別冊5ページ農協通帳の2番から13番までの取引を入力してください。（例題で入力した分は除きます）

普通預金から支出の取引

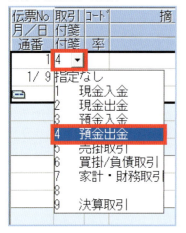

日付と取引区分を選択

摘要文を選択

備考文は内容がないのでエンターキーで移動

補助科目を選択

入力結果

① 日付と取引区分の選択（預金出金）

左上の普通預金通帳の上側、農薬費が引落になった取引を入力します。最初に日付を入力します。日付を入力し、「エンターキー」を押すと、取引区分の項目が選択されます。

「スペースキー」を押すと、取引区分の一覧が表示されます。預金通帳から支出されているので、矢印キーで「預金出金」項目のバックが青になるように選択し「エンターキー」を押します。

取引区分の欄に4が入力され、隣の摘要コードが選択されます。

② 摘要文の選択（農薬を購入）

「スペースキー」を押して、摘要文の一覧を表示します。矢印キーで目的の摘要文を選択します。

すぐに見つからない場合は、キーボードからイニシャルキーを入力してください。まずトップのアルファベット（N：農薬費・NOUYAなのでN）を入力すると、入力したアルファベットからイニシャルキーが始まる摘要文に絞り込まれます。それでも、まだ摘要文が多い時は、2番目のアルファベット（O）を入力します。こうして、目的の摘要文を探します。選択し「エンターキー」を押すと、摘要文と借方・貸方の勘定科目が入力されます。

③ 備考文の選択

備考文の入力が必要な場合は備考文を選択します。農薬の種類などが書かれていないので「エンターキー」を押して、部門の選択欄まで移動します。

④ 部門と金額の入力（トマト）

経費と売上は部門管理をしているので、経費勘定科目（農薬費）の下では部門トマトを入力します。「スペースキー」で一覧を表示し、選択後「エンターキー」を押します。次いで「エンターキー」を押して金額欄を選択し、金額15,000を入力します。

⑤ 補助科目の入力（農協通帳）

普通預金は、農協通帳の補助科目が設定されています。普通預金が入力された下の欄（補助科目欄）で農協通帳を選択します。

普通預金に入金の取引

取引区分の選択

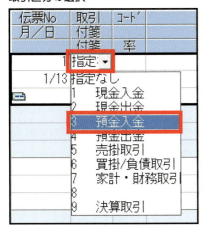

摘要文の選択

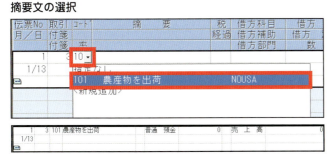

補助科目の選択

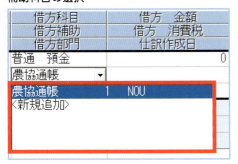

入力結果

① 日付と取引区分の選択（預金入金）

前ページ上の普通預金通帳の下側、普通預金通帳へ売上金額が入金になった取引を入力します。最初に日付を入力します。日付を入力し、「エンターキー」を押すと、取引区分の項目が選択されます。「スペースキー」を押すと、取引区分の一覧が表示されます。預金通帳に入金されているので、矢印キーで「預金入金」項目のバックが青になるように選択し「エンターキー」を押します。
取引区分の欄に3が入力され、隣の摘要コードが選択されます。

② 摘要文の選択（農産物を出荷）

「スペースキー」を押して、摘要文の一覧を表示します。矢印キーで目的の摘要文を選択します。
すぐに見つからない場合は、キーボードからイニシャルキーを入力してください。まずトップのアルファベット（N：農産物を出荷・NOUSAなのでN）を入力すると、入力したアルファベットからイニシャルキーが始まる摘要文に絞り込まれます。それでも摘要文が多い時は、2番目のアルファベット（O）を入力します。こうして目的の摘要文を探します。摘要文を選択し「エンターキー」を押すと、摘要文と借方・貸方の勘定科目が入力されます。

③ 備考文の選択

備考文の入力が必要な場合は備考文を選択します。トマトは部門で設定してあるので部門の欄で入力します。備考文の内容はありませんので「エンターキー」を押して普通預金の補助科目まで移動します。

④ 補助科目の入力（農協通帳）

普通預金は、農協通帳の補助科目が設定されています。普通預金が入力された下の欄で補助科目「農協通帳」を選択します。

⑤ 部門と金額の入力（トマト）

経費と売上は部門管理をしているので、売上高では部門を入力します。「エンターキー」を押して金額欄を選択し、金額を入力します。

スペースキーで前の仕訳をコピー

電気代の支払いなど、日付や金額だけが違って他は同じ仕訳になる取引が続くケースが少なくありません。農産物の出荷も同じように続いています。
こうした場合、前の仕訳をコピーし、違っている点だけを修正しながら入力すれば時間をかけずに入力できます。コピーする時は、コピー先の入力行の日付を選択しておき、「スペースキー」を押します。なお、【機能 F7】をクリックすると機能設定画面が開きます。「伝票Noまたは日付欄にスペースキーでコピーする」にチェックをしておきます。

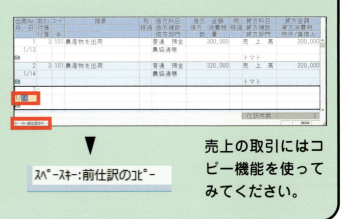

売上の取引にはコピー機能を使ってみてください。

5-22 事業主貸（家庭へ←仕事から）の演習

参照 40、41ページ

仕事用の通帳から本来家庭から払うべきお金が出ていった時の場面を入力します。

普通預金（兼お借り入れ明細） 農協通帳				
年月日	摘要	お支払い金額	お預かり金額	差し引き金額
14　1-17	授業料の引落	¥30,000		¥2,380,000

1月17日に仕事で使用している通帳から子供の授業料が30,000円引落になりました。本来、家庭から支払う場面を例に入力を行います。

演習27　別冊5ページの14番から19番を入力してください。ただし19番は比較のために入れてあります。農業新聞は経費になるものとして入力します。（例題で入力済みは除きます）

取引区分の選択

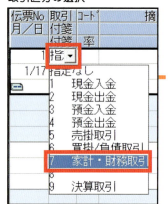

① 日付と取引区分の選択（家計・財務関係）

仕事用の普通預金から本来家庭から払うお金が支出されている預金通帳を入力します。最初に日付を入力します。日付を入力し、「エンターキー」を押すと、取引区分の項目が選択されます。

「スペースキー」を押すと、取引区分の一覧が表示されます。家庭から払うべき支出ですので、矢印キーで「家庭・財務取引」のバックが青になるように選択し「エンターキー」を押します。取引区分の欄に7が入力され、隣の摘要コードが選択されます。

摘要文の選択

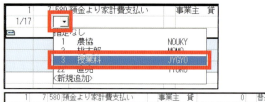

② 摘要文の選択（預金より家計費支払い）

「スペースキー」を押して、摘要文の一覧を表示します。矢印キーで目的の摘要文を選択します。

すぐに見つからない場合は、キーボードからイニシャルキーを入力してください。まずトップのアルファベット（Y：預金・YOKINですのでY）を入力すると、入力したアルファベットからイニシャルキーが始まる摘要文に絞り込まれます。それでも、まだ摘要文が多い時は、2番目のアルファベット（O）を入力します。こうして、目的の摘要文を探します。選択し「エンターキー」を押すと、摘要文と借方・貸方の勘定科目が入力されます。

備考文の選択

③ 備考文の選択（授業料）

備考文の入力が必要な場合は備考文を選択します。備考文もイニシャルキーで検索してください。

金額の入力

1	7 580 預金より家計費支払い	事業主　貸	30,000	普通　預金	30,000
1/17	9 授業料				

補助科目の選択

普通　預金　　　　　　　　　　　0
農協通帳　
農協通帳　　1　NOU
《新規追加》

④ 補助科目の入力（農協通帳）

普通預金は、農協通帳の補助科目が設定されています。普通預金が入力された下の欄で「農協通帳」を選択します。

> 19番目の取引は、経費になる新聞の取引ですので、取引区分は「預金出金」を選択します。

入力結果

1	7 580 預金より家計費支払い	事業主　貸	30,000	普通　預金	30,000
1/17	9 授業料			農協通帳	

5-23 事業主借（仕事へ←家庭から）の演習

参照 42、43ページ

家庭のお金を仕事のお金にした時や税金を負担しないお金が仕事の財布に入ってきた時の取引を入力します。

普通預金（兼お借り入れ明細）				
年月日	摘要	お支払い金額	お預かり金額	差し引き金額
20 1-23	家計より預金振込		¥50,000	¥1,998,000
21 1-24	利息		¥100	¥1,998,100

1月23日、家庭から仕事用のお金を振り込んだ場面を例にします。

演習28 別冊5ページの20番と21番を入力してください。（例題で入力済みは除きます）

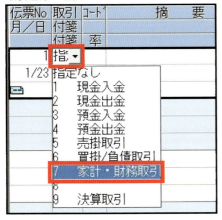

① **日付と取引区分の選択（家計・財務関係）**

仕事用の普通預金に家計から入金した場面を入力します。最初に日付を入力します。日付を入力し、「エンターキー」を押すと、取引区分の項目が選択されます。
「スペースキー」を押すと、取引区分の一覧が表示されます。家庭から払うべき支出ですので、矢印キーで「家庭・財務取引」のバックが青になるようにし（選択し）「エンターキー」を押します。取引区分の欄に7が入力され、隣の摘要コードが選択されます。

② **摘要文の選択（家計より預金入金）**

「スペースキー」を押して、摘要文の一覧を表示します。矢印キーで目的の摘要文を選択します。
すぐに見つからない場合は、キーボードからイニシャルキーを入力してください。まずトップのアルファベット（Y：預金・YOKINですのでY）を入力すると、入力したアルファベットからイニシャルキーが始まる摘要文に絞り込まれます。それでも、まだ摘要文が多い時は、2番目のアルファベット（O）を入力します。こうして、目的の摘要文を探します。目的の摘要文を選択し「エンターキー」を押すと、摘要文と借方・貸方の勘定科目が入力されます。

③ **備考文の選択**

備考文の入力が必要な場合は備考文を選択します。備考文の入力をしない場合は「エンターキー」を押して補助科目の項目に移動します。

④ **補助科目の入力（農協通帳）**

普通預金は、農協通帳の補助科目が設定されています。普通預金が入力された下の欄で「農協通帳」を選択します。金額を入力して伝票を完成させてください。

受取利息も事業主借

受取利息は受けとるごとに課税される分離課税となっていて、通帳に入金される前に税金分が引かれ、これ以上税金を払わなくても良い入金です。このように、税金を払わなくても良い入金があった場合、貸方に課税のない収入という意味で「事業主借」を記入します。利息の他、農協への出資金配当、利用高配当などの時にも使用されます。この取引は、直接家計とは関係しないので、取引区分は「預金入金」を選択します。「利息を受取る」の摘要文を使ってください。

5-24 売掛処理（売り立て書）の演習

参照 44、45ページ

売上げに対してすぐに現金や預金に入金が無かった場合の取引を入力します。

売り立て書				
No	作物	数量	単価	小計
			売上げ合計	200,000
			消費税	16,000
			合計	216,000
			市場手数	21,000
			輸送費	19,000
1月17日			通信料	0
野菜市場			精算金額	176,000

左の売り立て書を例に入力を行ってみます。

演習29 　別冊6ページの売り立て書を入力してください。（例題で入力した取引は除きます）

　売上より販売費、売上より輸送費の摘要は新規に作成してください。

取引を分けて入力

　手書振替伝票では右の図のようになりますが、簡易振替伝票の入力では借方・貸方科目一つずつの勘定科目なので、分けて入力をしていきます。

　金額はそれぞれの金額を記入します。売上を合計した金額が、手書伝票の売上高と同じになります。

売掛金	売上高
販売手数料	売上高
荷造運賃	売上高

貸方勘定によって課税売上、非課税売上があることもこうした仕訳を行う理由の一つになっています。

日付 1月5日

借方		摘要	貸方	
金額	科目	NO	科目	金額
245,000	売掛金	売上が売掛金に	売上高	315,000
31,500	販売手数料	売上から販売手数料支払い		
38,500	荷造運賃	売上から輸送費支払い		
315,000				315,000

売掛金の発生

売掛金の発生を入力します。

取引区分の選択

① **日付と取引区分の選択（売掛取引）**

　上記の売り立て書（仕切伝票）で発生した売掛取引を入力します。簡易振替伝票入力なので取り引きを分けて一つ一つ入力をしていきます。最初に日付を入力します。日付を入力し、「エンターキー」を押すと、取引区分の項目が選択されます。「スペースキー」を押すと、取引区分の一覧が表示されます。売掛取引を選択します。取引区分の欄に5が入力され、隣の摘要コードが選択されます。

摘要文の選択

② **摘要文の選択（農産物を出荷、売上より販売手数料、売上より輸送費）**

　「スペースキー」を押して、摘要文の一覧を表示します。矢印キーで目的の摘要文を選択します。

　すぐに見つからない場合は、キーボードからイニシャルキーを入力してください。まずトップのアルファベット（N：農産物を出荷・NOUSAなのでN）を入力すると、入力したアルファベットからイニシャルキーが始まる摘要文に絞り込まれます。それでも、まだ摘要文が多い時は、2番目のアルファベット（O）を入力します。こうして、目的の摘要文を探します。選択し「エンターキー」を押すと、摘要文と借方・貸方の勘定科目が入力されます。

　ここでは、3仕訳（出荷、販売手数料、輸送費）ごとにそれぞれにあった摘要文を選択します。

補助科目の選択

部門の選択

③ **部門の入力（トマト）**

　経費と売上は部門管理をしているので、経費勘定科目では部門を入力します。

| 1/17 | 1 | 5 | 102 農産物を出荷 | 売 掛 金 野菜市場 | 176,000 | 売 上 高 トマト | 176,000 |

④ 補助科目の入力（野菜市場）

売掛金には売掛先の補助科目が設定されています。売掛金の下の欄で「野菜市場」を選択します。

伝票No 月/日	取引 付箋	コード 付箋	摘　　要	税率	借方科目 経過 借方補助 借方部門	借方 金額 消費税 数量	税	貸方科目 経過 貸方補助 貸方部門	貸方 金額 消費税 物件/賃借人
1/17	1	5	102 農産物を出荷	8%軽	売 掛 金 野菜市場	176,000	11	売 上 高 トマト	176,000
1/17	2	5	103 売上より販売経費	8%軽	販売手数料 トマト	21,000	11	売 上 高 トマト	21,000
1/17	3	5	113 売上より輸送費	8%軽	荷造運賃 トマト	19,000	11	売 上 高 トマト	19,000

⑤ 3行の仕訳を完成

売上から売掛金、売上より荷造運賃、売上より販売手数料の3行の仕訳を行いました。

売上高の合計は、売り立て書の消費税を含んだ合計の21万円になります。

	年月日	摘　要	お支払い金額	お預かり金額	差し引き金額
22	1-26	売掛金が入金（トマト前月売上分）		¥360,000	¥2,358,100
23	1-27	売掛金が入金（前月分生乳売上げ分）		¥600,000	¥2,958,100

左の売掛金が入金になった通帳から入力を行います。

演習30

別冊5ページの通帳の22番から24番までを入力してください。（例題で入力した例は除きます）摘要文がない場合は作成しながら入力してください。

売掛金の入金

売掛金が預金に入金になりました。預金に入金になった取引を記入します。

① 日付と取引区分の選択（売掛取引）

最初に日付を入力します。日付を入力し、「エンターキー」を押すと、取引区分の項目が選択されます。

「スペースキー」を押すと、取引区分の一覧が表示されます。「売掛取引」を選択します。取引区分の欄に5が入力され、隣の摘要文のコード項目に選択が移動します。

② 摘要文の選択（売掛が預金入金）

「スペースキー」を押して、摘要文の一覧を表示します。矢印キーで目的の売掛か預金入金の摘要文を選択します。

すぐに見つからない場合は、キーボードからイニシャルキーを入力してください。まずトップのアルファベット（U：売掛・URIKAなのでU）を入力すると、入力したアルファベットからイニシャルキーが始まる摘要文に絞り込まれます。それでも、まだ摘要文が多い時は、2番目のアルファベット（R）を入力します。こうして、目的の摘要文を探します。選択し「エンターキー」を押すと、摘要文と借方・貸方の勘定科目が入力されます。

③ 補助科目の入力（野菜市場）

普通預金と売掛金には、補助科目があります。どちらも補助科目を勘定科目の下の欄に、入力します。売掛金は野菜市場分の売掛金の回収ですので野菜市場を選択してください。

④ 金額を入力

金額を入力する欄で金額を入力します。

5-25 共販の精算と酪農の売掛

参照 39、44、45ページ

共販精算書と酪農の売掛精算書からの取引を入力します。

共同販売の精算書から

産地化した地域の共同販売（共販）で販売した場合、手取り金額が普通預金に入金されます（すでに、入金された時に売上の仕訳伝票は作成されています）が、シーズンの終了後に精算書が農協などから届きます。精算書の販売費および輸送費などは売上からとして計上します。

取引区分の選択

摘要文の選択

① 日付と取引区分の選択（家計・財務関係）

最初に日付を入力します。日付を入力し、「エンターキー」を押すと、取引区分の項目が選択されます。

「スペースキー」を押すと、取引区分の一覧が表示されます。現金の入出金や預金の入出金、売掛や買掛でないので「家計・財務取引」を選択します。

② 摘要文の選択（共販販売経費を売上げ）

「スペースキー」を押して、摘要文の一覧を表示します。「共販販売経費を売上げ」を選択します。

③ 部門を入力（トマト）

売上と経費の部門を入力します。

④ 金額を入力

金額を入力します。

⑤ 輸送費の精算分も作成します

輸送費分の精算仕訳も作成します。左のように2行になります。

部門の選択

入力結果

酪農の精算書から

酪農の精算書は、出荷翌月の中旬頃に届くことが多いようです。精算書が届いたら前月末の日付で精算書の内容を売掛計上します。売上高のうち、売掛金や経費など売上に対応する勘定科目の数だけ簡易振替仕訳を行います。

取引区分の選択

① 日付と取引区分の選択

日付と取引区分を入力します。取引区分は「売掛取引」を選択します。必要に応じて備考文を入力します。

摘要文の選択

② 摘要文の選択（農産物を出荷）

「スペースキー」を押して、摘要文の一覧を表示します。売掛分は「農産物を出荷」を選択します。

補助科目の選択

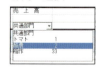

部門の選択

③ 部門・補助科目、金額などを入力

部門や補助科目、金額を入力します。合わせて、経費分の伝票をあげておきましょう。売掛取引の中の「売上より販売費」を選択します。

酪農の精算書のように、経費項目が多い場合は、振替伝票で事例登録をしておくと時間をかけずに入力が行えます。

演習31 別冊8ページの共販精算書と酪農の精算書を入力してください。上の例題を入力することが演習となります。

5-26 買掛処理（請求明細）の演習

参照 46、47ページ

購入したもののすぐに支払を行わなかった場合の取引を入力します。

お買上日	区分	詳細	個数	単価	小計
1月13日	肥料	有機配合	10	¥3,000	¥30,000
	トマト用			消費税	¥3,000

請求明細の一部

請求明細書のうち、左記の肥料の購入を例とします。

演習32 別冊7ページの請求明細書を入力してください。例題で入力した取引は除きます。また農協通帳の25番、買掛金の精算も入力してください。

取引区分の選択

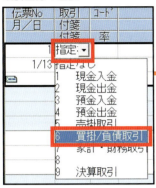

① 日付と取引区分の選択（買掛／負債取引）

資材などを購入したもののその場で支払を行わなかった場合、買掛（負債）となります。農協から購入し買掛けた場合（一括取引）、通帳から引落前に農協などから請求明細が届きます。左上はその請求明細の一部です。この取引を入力します。日付を入力し、「エンターキー」を押すと、取引区分の項目が選択されます。

「スペースキー」を押すと取引区分の一覧が表示されます。購入日にはまだお金を払っていない、借金をして購入した取引ですので、矢印キーで「買掛／負債取引」のバックが青になるように選択し「エンターキー」を押します。

摘要文の選択

② 摘要文の選択（肥料の購入）

「スペースキー」を押して、摘要文の一覧を表示します。肥料の購入を選択します。「買掛／負債取引」を選択しているので貸方に買掛金が入力されます。

備考文の選択

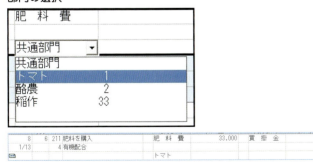

③ 備考文の選択（有機配合）

備考文の入力が必要な場合は備考文を選択します。ここでは、「有機配合」を選択します。

部門の選択

④ 補助科目・部門の入力（農協・トマト）

買掛金には買掛先の補助科目があります。農協より買掛で購入したので補助科目「農協」を入力します。また、肥料費は経費ですから忘れずに部門も選択します。

| 8 | 6 | 211 肥料を購入 | | 肥料費 | 33,000 | 買掛金 | 33,000 |
| 1/13 | | 4 有機配合 | | トマト | | | |

⑤ 金額を入力

金額を入力します。

補助科目の選択

買　掛　金		31
農　協 ▼		
農　協	1	NOUKY
<新規追加>		

> **買掛金の精算**
> 　買掛（借入金）の精算は、相手に渡した払う約束を取り戻すのですから、左側（借方）に「買掛金」が入力されます。右側（貸方）は普通預金から返済したのであれば「普通預金」を入力します。
> 　取引区分は、「預金出金」を選択し、摘要文は「買掛金の支払い」を選択します。

入力結果

| 8 | 6 | 211 肥料を購入 | | 肥料費 | 33,000 | 買掛金 | 33,000 |
| 1/13 | | 4 有機配合 | | トマト | | 農協 | |

5-27 借入と返済の演習

参照 48ページ

1年以上かけて返済する長期借入を行った取引とその返済の取引を入力します。

トラック購入のため借入金が普通預金に入ってきた場合を例に入力を行います。

演習33 別冊5ページの農協通帳26番と27番を入力してください。

借入時の取引

「長期借入れ」勘定科目で補助科目を設定

取引区分の選択

摘要文の選択

補助科目の選択

設定をした長期借入金の補助科目を選択

入力結果

① 補助科目の設定（2tトラック）

長期借入金は1年以上かけて返済する借入金ですので、長期借入金ごとの残高がいくらあるかをきちんと管理できるようにしなければいけません。そこで長期借入を行った場合、まず初期グループ／基本サブグループの勘定科目設定を選択し、負債勘定の長期借入金で補助科目を設定します。ここでは、トラックを購入するための借入金ですので、負債勘定の長期借入で2tトラックという補助科目を設定します。日常グループ／帳簿サブグループの簡易振替伝票入力に戻ります。

入力しながらでも、補助科目ドロップダウンリストの新規を選択すると、新規の補助科目の設定が行えます。

② 日付と取引区分の選択（預金入金）

長期借入れを行って、普通預金にお金が入ってきた場合の取引を入力します。入金された日付を入力し、「エンターキー」を押すと、取引区分の項目が選択されます。

「スペースキー」を押すと、取引区分の一覧が表示されます。預金通帳に入金されているので、「預金入金」を選択します。

③ 摘要文の選択（長期の借入れをした）

「スペースキー」を押して、摘要文の一覧を表示します。長期借入では「長期借入をした」を選択します。

④ 備考文の選択

備考文の入力が必要な場合は備考文を選択します。ここでは入力しません。

⑤ 補助科目と金額の入力（農協通帳・2tトラック）

普通預金には通帳の補助科目があるので補助科目を入力します。また、長期借入金も、補助科目を設定しましたから補助科目を入力します。長期借入の補助科目は、先ほど設定した「2tトラック」になります。軽トラックのように、同じ補助科目になる時は、借入年、例えばR5などを補助科目の前に入力しておけば、区別ができるようになります。

⑥ 金額の入力

金額を入力します。

返済時の取引

トマト用温室を取得した時の長期借入金の返済をした時を例に入力を行います。

普通預金（兼お借り入れ明細）				
年月日	摘要	お支払い金額	お預かり金額	差し引き金額
28 1-30	長期借入を返済する（元本分 10万円 利息 5万円）	¥150,000		¥3,557,100

トマト温室用借入金の返済です。

演習34
別冊5ページの農協通帳28番を入力してください。（例題が演習となります）

元本と利息を分けて入力

手書き伝票では、貸方に普通預金、借方に元本分の長期借入金と借入（支払）利息分の利子割引料の2勘定科目が書かれます。簡易振替伝票入力では、これを2仕訳に分けて入力します。

長期借入金 利子割引料 ｜ 普通預金

元本分の入力

① 取引区分や摘要の入力（預金出金・長期借入返済）

日付を入力し、預金から支払っていますので取引区分は「預金出金」を選択します。摘要文は、元本の返済ですから返済金額分の長期借入金が減るので、「長期借入返済」を選択します。

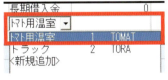

② 補助科目を入力（トマト用温室）

普通預金、長期借入金とも補助科目を入力します。次いで金額を入力します。温室を取得した時の借金返済なので、長期借入金の補助科目は「トマト用温室」を選択します。

1	4	728 長期借入返済	長期借入金	100,000	普通預金 100,000
1/30			トマト用温室		農協通帳

借入（支払）利息分の入力

① 取引区分や摘要の入力（預金出金・借入金の利息の支払）

日付を入力し、預金から支払っていますので取引区分は「預金出金」を選択します。利息の支払ですから「借入金の利息の支払」を選択します。

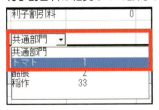

② 部門を入力（トマト）

利子割引料（借入利子や手形などの割引料を指している）は経費ですから、部門を入力します。トマト専用に使用している温室の借入利子（利息）ですので、「トマト」を選択し、次いで金額を入力します。

③ 補助科目を入力（農協通帳）

普通預金には補助科目がありますから、補助科目を入力します。

1	4	728 長期借入返済	長期借入金	100,000	普通預金 100,000
1/30			トマト用温室		農協通帳
2	4	730 借入金の利息の支払	利子割引料	50,000	普通預金 50,000
1/30			トマト		農協通帳

元本と利息の仕訳です。

5-28 専従者給与の演習

参照 49ページ

専従者給与の支払取引を入力します。実際にお金が動いた分と源泉税の預かり分に分けて入力します。

1月30日専従者給与支払い（15万円、源泉預かり6千円）

（源泉預かりの金額6,000円は、分かりやすくするためで、実際とは違っています。）

演習35 左の例を元に練習します。（内容は演習と同じです）

別冊9ページの専従者給与の支払を入力します。上記の練習が演習となります。

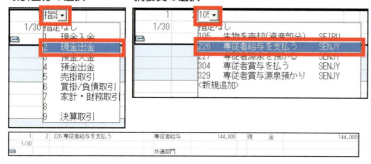

専従者給与の出金した分

① 取引区分や摘要の入力（現金出金・専従者給与を支払う）

日付を入力し、現金で支払っていますので取引区分は「現金出金」を選択します。現金から専従者給与としてお金が動いた支払いですので「専従者給与を支払う」を選択します。

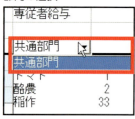

② 部門を入力（共通部門）

専従者給与は経費ですから、部門を入力します。どの部門で働いたとは特定できないので「共通部門」を選択し、次いで金額を入力します。

実際に支払った分は、15万円のうちの源泉預り分を除いた14万4千円ですので、この金額を入力します。

③ 金額を入力（144,000）

金額は決めた専従者給与の金額（15万円）から源泉税の預かり分を引いた金額（14万4千円）を入力します。

専従者給与の源泉預かり分

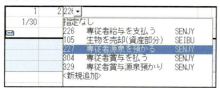

① 取引区分や摘要の入力

日付を入力します。取引区分は、支払と同じ「現金出金」に入っています。「現金出金」を選択します。摘要文は「専従者源泉を預かる」を選択します。借方に専従者給与、貸方は預り金（負債）になります。専従者給与は6,000円になりますが、実際は渡していないので負債勘定の預り金となります。

② 部門・補助科目を入力（源泉預かり）

専従者給与の部門と預り金の補助科目を入力します。
専従者の働く範囲は特定の分野（部門）だけというわけでないので、部門は「共通部門」を入力します。
預り金の補助科目は「源泉預かり」を選択します。

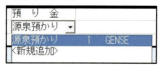

経費となる専従者給与の金額は150,000円になっています。

③ 金額を入力

預かりの金額を入力します。専従者給与ではあるものの支払っていない分（借金）として6千円を入力します。

5-29 10万円以上の資材を購入

参照 50、51ページ

10万円以上の資材を購入した時は、その年に一括して経費として計上できません。減価償却資産とし年度末経費計上します。

1月31日にトラックを購入
（車輌280万円、購入時税金5万円、購入時負担保険金4万円）

左の例を元に練習します。
（内容は演習と同じです）

演習36 別冊9ページのトラックの購入を入力します。上記の練習が演習となります。本体分・税金分に続き保険金を入力してください。

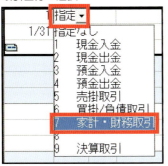

車輌本体分

① 取引区分と摘要の入力
（家計・財務取引）

日付を入力し、資産の購入ですので区分は、「家計・財務取引」を選択します。摘要文は車輌の購入ですので「車輌運搬具を購入」を選択します。

② 備考文を入力（2tトラック）

必要に応じて購入した資産の内容を書いておきます。記録をしない時は「エンターキー」を押して金額の入力欄まで移動します。

③ 金額を入力

金額を入力します。

④ 減価償却資産に登録

10万円以上の減価償却資産になる購入を行ったので、忘れずに資産台帳グループの減価償却資産登録機能で、購入した資産を登録します（126ページを参照して登録してください）。

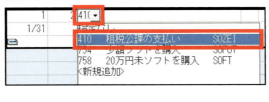

経費区分の入力（税金分、保険分）

① 取引区分や摘要の入力
（現金出金・租税公課の支払い）

取得税などの税金を現金で支払っているので、取引区分は「現金出金」を選択します。摘要文は「租税公課の支払」を選択します。備考文は特に無いので入力せず、「エンターキー」で移動します。自賠責保険などは「共済掛金の支払」を使って入力します。

② 部門と金額を入力
（共通部門）

部門と金額を入力します。

5-30 減価償却資産に登録

参照 52、53ページ

10万円以上の資産は決められた年数にわたって経費へ計上します。毎年の経費計上額などを計算する機能です。

資産台帳グループ→減価償却資産登録

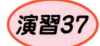

例題農家の温室1を例に登録します。

演習37 別冊2ページのトラクター、搾乳牛1、今年購入したトラックを登録してください。

減価償却資産の一覧が表示される登録画面

減価償却資産一覧

決算グループの減価償却資産登録を選択すると減価償却資産一覧を表示する《減価償却資産登録》の画面が開きます。

登録画面から、新規資産の登録やすでに登録してある資産の修正、総括などが選択できます。

【集計表（F5）】を選択すると、各償却資産ごとの集計数字の一覧が表示されます。

減価償却費の月数あん分一括変換〔月按分〕

事業主が期中に亡くなった場合、亡くなった月までで確定申告（準確定申告）を行わなければなりません。減価償却もその月までの償却費を計算し、計上します。【月按分（Shift+F5）】ボタンを使うと、全ての減価償却資産について、指定した月数だけの減価償却費を計算するようになります。

総括の画面

登録資産の総括〔総括表〕
（勘定科目別期首残高入力に使用できます）

【総括表（F6）】ボタンを押し勘定科目タブを選択すると、勘定科目ごとの取得価額合計、期首帳簿価格、期末帳簿価格などが表示されます。期首残高登録の入力金額に使用できます。【比較表（Shift+F9）】ボタンを押すと、減価償却資産と勘定科目との期首金額の比較が行えます。

新減価償却制度について（平成19年変更・平成20年変更）

平成19年4月以降に取得した減価償却資産については、新減価償却制度により計算の方法が変わりました。従来（旧定額法、旧定率法）の場合、法定残存率10％、限度残存率5％で計算していましたが、平成19年4月以降取得した減価償却資産は耐用年数経過時に1円（備忘価額）まで償却できるようになりました。また、平成19年3月31日以前に取得した既存資産は、償却可能限度額まで償却した後、5年間で1円まで均等償却が行えます。

また、平成20年4月以降は、機械装置の耐用年数の簡素化が行われました。機械装置には8年と5年の耐用年数のものがありますが、ともに7年となりました。

税制変更による耐用年数の変更では、期首帳簿価額はそのままに、普通償却額だけを変更する必要があります。耐用年数を変更し確定すると、平成20年変更による耐用年数の変更かを問う画面が表示されます。「いいえ」のボタンをクリックすると、期首帳簿価額はそのままに、償却額だけを変更します。

減価償却資産の登録

【新規（F3）】キーを押して《減価償却資産登録修正》画面を表示します

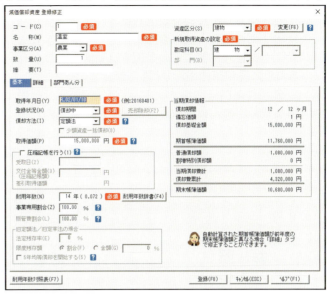

① コード番号の入力
コード番号を入力します。すでに農協などで減価償却資産管理サービスを受けていて資産ごとにコード番号がある場合は、この番号を入力しましょう。全く初めての時は、1から順に入力します。

② 名称の設定
資産の名称を入力します。

③ 資産区分
建物、構築物、機械装置などの資産区分を選択します。別の資産区分が必要な時は右隣の変更ボタンを押して、追加します。資産区分と勘定科目を対応づけておくと、自動的に対応づけられます。

④ 事業区分
農業用資産か、不動産用資産か、営業用資産かの区分を選択します。

⑤ 勘定科目の選択
購入したときの勘定科目を入力します。ほぼ、資産区分と一緒です。資産区分と勘定科目の対応づけは、登録・修正の変更ボタンを押すと、行えます。【機能】ボタンからも行えます。

基本
基本のタブを押すと、減価償却資産登録の基本項目の設定が行えます。

⑥ 取得年月日
20200110（令和2年1月10日）もしくはH200110（平成20年1月10日）というように取得年月日を入力します。西暦で入力しても表示は和暦になります。和暦入力で平成の時は、頭にHをつけます。令和の時は頭にRをつけます。

⑦ 登録状況
登録する資産の現況を入力します。償却中であれば償却中を、本年取得したものであれば、新規取得となります。取得日を入力すると自動的に入力されます。

⑧ 償却方法
平成19年の新減価償却制度になり、選択する償却方法の項目が増え、旧定率法、250％定率法、200％定率法、旧定額法、定額法、均等償却、即時償却の7項目から選択します。平成19年4月以降に取得した場合は、定額法を選択します。すでに入力された取得価額と耐用年数から耐用年数経過後に1円だけ残す計算で普通償却額が計算されます。平成19年3月31日以前の取得の場合は、旧定額法を選択します。旧定額法を選択すると、法定残存率と限度残存率の項目が入力可能になります。法定残存率は10％が、限度残存率は5％が表示されます。資産によっては、割合を変更してください。

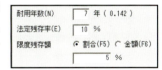

⑨ 取得価額
取得した時の金額を入力します。期首帳簿価額と普通償却額が計算されます。

⑩ 耐用年数
登録している資産の耐用年数を入力します。
耐用年数がわからない時はヘルプの「仕訳博士」なども参照してください。

⑪ 事業専用割合
登録している資産が事業にどの程度の割合で使用されているかを％で入力します。

⑫ 圧縮記帳
補助金等を得て取得した場合、支払と補助金の差額金額で償却が行えます。本欄を設定すると、その処理が自動的に行われます。

詳細設定
詳細では、相続時の処理や割増償却などの処理が行えます。

経費へ振替える伝票を作成する時、部門の割合ごとの伝票を作成できます。

登録

⑬ 償却費部門あん分とあん分設定

減価償却資産登録画面で計算された普通償却額は年度末に経費（減価償却費）として計上されます。そのとき部門ごとの金額を自動的に計算させるために償却部門あん分とあん分設定を行います。

償却費部門【あん分をする】を選択し、《減価償却費部門あん分率設定》画面で部門ごとの、割合を合計で100％になるように設定し【登録】ボタンを押します。

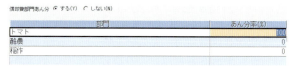

⑭ 登録

登録ボタン（F8）を押して登録します。

5-31 減価償却資産のその他機能

参照 52、53ページ

入力した減価償却資産について、償却資産ごとの明細の一覧と区分別の集計を行うことが出来ます。

総括と集計

減価償却資産集計表

資産台帳グループ中の減価償却資産集計表を選択するか、減価償却登録画面で、【集計表（F5）】ボタンを押すと、登録した減価償却資産の明細一覧が表示されます。

一つ一つの減価償却資産の画面を開いて確認を行わなくても、一覧で確認が行えます。

減価償却資産増減総括表

管理メニューの中の、減価償却資産増減総括表を選択するか、減価償却登録画面で、【総括（F6）】ボタンを押すと、総括の集計表が表示されます。総括集計表は、タブを選択することで、資産区分別、部門別、勘定科目別に集計が行えます。

勘定科目別を選択すると、勘定科目ごとの合計が、期首時取得価額、新規取得価額、売却資産価額、期首帳簿価額、売却価額、当期償却費、期末時取得価額、期末帳簿価額に分けて表示されます。勘定科目区分で期首帳簿価額を実際の期首残高と合っているかどうかを確認してください。

データの出力と受入

減価償却資産の管理が、人によっては、様々な理由から、データを入力している帳面（ファイル）と別の帳面（ファイル）になってしまっている方がいます。

仕訳データを入力している帳面（ファイル）をまとめたいとき利用するのが、データの出力と受入です。

減価償却資産だけが登録されている帳面（ファイル）の減価償却登録画面を開き、【出力（Shift+F4）】ボタンを押して、減価償却資産データを書き出します。

次いで、仕訳データだけが登録されている帳面（ファイル）の減価償却資産登録画面を開きます。

【受入（Shift+F3）】ボタンを押して、先ほど出力した減価償却データを指定します。実行ボタンを押すと、減価償却資産のデータが、受け入れられます。

第6章

パソコン
複式簿記の演習 2
（決算修正の入力）

1年間、日常の入力を行ってきた後、決算書を作成するために、1年に一度だけ12月31日付で入力しなければならない伝票を作成します。決算のために、1年に一度だけ行う伝票作成を決算修正といいます。第6章では、決算修正の行い方から、決算書を作成するまでの方法を解説します。また、消費税の申告書作成についても解説します。

6-1 決算修正の取引
決算修正の内容

1年にわたって日常の入力をしてきた最後に、1年に一度だけ12月31日付で計上する決算修正の伝票を作成します。

決算修正の内容

決算修正では、次のような伝票を作成します。

① **減価償却費の計上（決算グループ／自動仕訳サブグループ→減価償却仕訳作成）**
　固定資産の減価償却費への振替は、年度末に決算修正として行います。

② **棚卸（決算グループ／自動仕訳サブグループ→棚卸仕訳作成）**
　棚卸は2種類あります。1つは、農産物の棚卸です。農産物は、収穫基準という考え方があり、その年、収穫された販売可能な農産物は、すべて販売されたこととして、農産物の期末棚卸しにより収益として計上します。売れ残った農産物に使われた経費もすべて経費に計上できます。
　また、年内に購入し、経費として計上した肥料や農薬などが使用されずに年を越すときは、経費には出来ませんので、資材の期末棚卸（農産物以外の棚卸）をします。
　農産物、資材とも期末の棚卸に合わせ、期首の棚卸もします。

③ **家計費のあん分（決算グループ／自動仕訳サブグループ→家事関連費按分表）**
　ガソリン代や電話代などは、家計で使用した分と仕事で使用した分があります。家計分も含めて経費として計上していた場合、家庭で使用した分を経費から外す伝票を作成します。

④ **家事消費高の計上（日常グループ／帳簿サブグループ→簡易振替伝票入力）**
　販売用に生産した農作物を家庭で食べた場合です。生産に使った種苗などの経費を経費として計上している以上生産された農作物は商品です。家庭で食べた場合も仕事から見たら売ったことにしなければなりません。年度末に1年分の金額を家事消費高勘定で計上します。

⑤ **育成資産と減価償却資産の振替（決算グループ／自動仕訳サブグループ→育成費用仕訳作成）**
　年を越して、減価償却資産となる酪農での育成牛にかかった飼料などの費用は、育成牛の価値が上がることに使用されるため、経費として計上できません。資産台帳グループの育成資産管理と育成費用計算表で管理しておきます。年度末に各育成牛ごとに、飼料費などの経費を経費から外して、育成資産に振り替えます。また、育成資産の中で、成牛になった牛については、減価償却資産に振替、減価償却を始めます。なお、減価償却費用の転送の前に、減価償却資産への振替は行っておきます。酪農での搾乳牛以外にも、茶園の育成園についても育成資産の振替があります。

⑥ **固定資産税の計上（日常グループ／帳簿サブグループ→簡易振替伝票入力）**
　農地などの固定資産税は、4期に分けて納めている方が多いと思います。この場合、4期目の締め切りは翌年になります。この支払金額を経費になる部分と自宅のように経費にならない部分を分けるのは簡単ではありません。ですので、通帳から引落になったときは、事業主貸にして、経費としては計上せず、固定資産税額一覧の名寄せから、経費になる金額を計算し、年度末に計上する方法があります。

⑦ **積立型共済掛金の振替（日常グループ／帳簿サブグループ→簡易振替伝票入力）**
　農協の建物更正共済（建更）では、積立型のことが多いようです。事業用契約の建更では、経費に計上できますが、支払金額の内、積立分は経費として計上できません。このため、通帳から引落になった場合は、共済掛金として経費計上しておき、年度末、積立分は経費から外す伝票を作成します。

決算修正に必要な書類

決算修正を行うために、次のような資料を用意しましょう

（以前の建更お知らせハガキ）▶

1：減価償却資産のメモ→減価償却を入力するために
2：名寄せ→固定資産税を入力するために
3：建更の知らせ→建更の振替のために
4：長期借入の返済一覧
5：源泉徴収簿など

6-2 決算修正の取引
日常の入力内容を確認

決算修正を行う前に、現在まで行ってきた日常の入力が正しく行われていたかを確認します。

日常の入力が終了した段階で、今まで入力した内容が正しいかどうかを確認します。基本は、合計残高試算表から行います。

試算表（貸借対照表）で確認

試算表を確認

試算表（集計分析グループ／集計サブグループ）を画面に表示します。集計範囲は1月から決算までドラッグして選択します。繰越は1月1日、残高は12月31日の数字です。残高にマイナスが無いか、昨年の数字と大きく変わっていないかを確認します。貸借対照表、損益計算書の両方で確認して下さい。もし、マイナスになっている勘定科目があった場合は、その勘定科目を太い枠で囲んで、【元帳（F3）】ボタンを押します。

選択した、勘定科目の元帳が表示されます。元帳で間違った入力がないか確認して下さい。

元帳で確認

元帳（試算表から勘定科目を選択し、元帳表示）の動きを見ます。普通預金などは、取引ごとに残高があっているかを確認します。現金についても元帳を表示し、残高を確認してください。マイナスになっている場合は、事業主借を使って家計から現金を補填し、マイナスにならないようにします。元帳の相手科目や金額が違っていた場合は、元帳の画面上で修正します。

元帳の勘定科目が違っていた場合は、違っている取引を選択し、【伝票表示（shift + F5）】ボタンを押すと、伝票形式（簡易振替伝票）で表示されます。修正を行ってください。【終了（F8）】ボタンを押すと元帳に戻ります。

これを繰り返すことで、正しい入力に修正します。元帳を終了すると試算表に戻ります。

試算表（損益計算書）で確認

選択した勘定科目の元帳の仕訳を選択し伝票ボタンを押すと伝票が表示され修正が行えます。

6-3 決算修正の取引 減価償却費の計上

参照 52、53ページ

減価償却資産の本年経費計上分を減価償却費として計上します。

入力した4資産の減価償却伝票を作成します。

演習38 別冊9ページの減価償却を行います。（例題を行うことが演習になります）

① 減価償却費の計上

決算グループ／自動仕訳サブグループの減価償却費仕訳作成を選択します。登録されている減価償却資産の一覧画面が表示されます。新規や修正を選択すると新規登録や修正が行えます。【仕訳作成（Shift + F6）】を選択すると、3画面から構成される仕訳作成設定画面が表示されます。

a：仕訳作成設定画面

減価償却費仕訳作成設定画面 a

仕訳作成設定画面は、作成方法、作成対象、償却費計上方法の指定を行います。作成方法は、「年間合計を転送する」を選択します。

作成対象伝票は、減価償却費仕訳伝票の作成の他、新規取得伝票の作成、圧縮仕訳の作成、交付金等の受け取り仕訳作成、除却伝票の作成となります。

減価償却費仕訳伝票は必ず必要なので、チェックを入れておきます。また、その年、除却した資産があるときは、「売却除却損益の仕訳を作成する」にチェックを入れておきます。なお、除却・売却がある場合は、減価償却資産登録画面で登録状況を除却もしくは売却にしておきます。償却資産登録（一覧）画面の各資産の登録状況が、除却などになります。

新規取得伝票の作成は普通、購入するごとに伝票を作成することが多いので購入の伝票を作成していないときだけ使用します。また、圧縮記帳がある場合はチェックを入れておきます。計上の方法は直接法が一般的ですのでこちらを選択します。

b：勘定科目設定画面

設定画面 b

勘定科目設定画面では、直接法を選択したときの勘定科目を指定します。

c：償却累計額科目設定画面

設定画面 c

償却累計額科目設定画面では間接法を選択したときの勘定科目の設定です。普通は直接法で行いますのでここで設定は行いません。

設定が終了したら、転送開始ボタンを押して転送します。

② 転送結果

転送結果

減価償却資産登録修正で入力した部門あん分割合ごとに分けられて仕訳伝票が作成されています。

部門ごとに分けられています

6-4 決算修正の取引 農産物・資材の棚卸（簡易）

参照 54～57ページ

簡易形式で農産物、農産物以外（肥料や農薬など）の棚卸を行います。

棚卸の振替伝票を作成します。

演習39 別冊9ページの資材棚卸を行います。（例題を行うことが演習になります）

簡易な棚卸表の設定

簡易設定での農産物棚卸入力と仕訳作成の勘定科目設定

簡易設定での農産物以外（資材）棚卸入力と仕訳作成の勘定科目設定

簡易形式での入力

棚卸を行うための設定は、簡易設定と詳細設定があります。簡易設定では、表形式で設定が行えます。

① **農産物の棚卸**
　簡易形式を選択し、画面上部タブの農産物を指定すると、農産物の棚卸入力の表が表示されます。作物名、作付面積、収穫量、農産物の期首棚卸高、農産物の期末棚卸高等を入力します。
　また、「仕訳転送の科目設定をする」にチェックを入れると、勘定科目設定画面に変わります。オプションボタンの「期首を表示する」から「事業を表示する」まで順に選択して、それぞれでの勘定科目を設定してください。

② **農産物以外（資材）の棚卸**
　簡易形式を選択し、農産物以外を指定すると、農産物以外（資材）の棚卸入力の表が表示されます。作物の区分にあった場所に、資材の名称を入力するとともに、農産物以外の期首棚卸高、農産物以外の期末棚卸高を入力します。また、勘定科目設定画面で勘定科目を指定します。また、期首、期末を選択し、仕訳を確認して下さい。

③ **仕訳を作成**
　入力した内容を元に、棚卸の仕訳を作成します。簡易形式画面で、仕訳のボタンを押します。作成する仕訳の設定をする画面が開くので、チェックボックスで指定し、転送開始ボタンを押します。

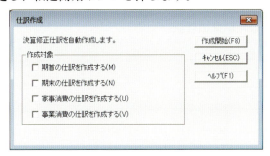

6-5 決算修正の取引 農産物の棚卸を計上（詳細）

参照 56、57ページ

売れる状態で売れないまま年を越した農産物は期末農産物棚卸を行います。

詳細な棚卸表で入力する

棚卸表で区分を選択すると区分ごとの一覧が表示されます

新規登録の棚卸明細画面

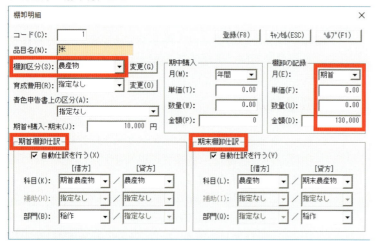

入力後の棚卸表

棚卸集計表（棚卸表で集計表ボタンを押す）

仕訳開始の確認

転送した結果の仕訳

① 棚卸の入力画面

決算グループ／自動仕訳サブグループの棚卸仕訳作成を選択します。棚卸の一覧の《棚卸表》画面が表示されます。詳細な棚卸表で入力するを選択します。

棚卸区分は農産物を選択します。

一覧画面で【新規（F3）】ボタンを押します。《棚卸明細》画面が開きます。

コード番号と品目名を入力します。棚卸区分が農産物の時は「農産物」を選択します。

棚卸の記録の月の設定で、期首で単価・数量を、期末で単価・数量を入力します。金額のみの入力も行えます。

② 期首・期末棚卸仕訳の転送設定

自動的に仕訳伝票を作成するために【自動仕訳を行う】チェックボックスにチェックを入れ、勘定科目を設定します。

ここでは、農産物の棚卸を設定しますので、期首では借方に売上勘定の「期首農産物」（農産物期首棚卸高）が貸方に資産勘定の「農産物」を選択します。

期末では、借方に「農産物」が貸方に「期末農産物」（農産物期末棚卸高）を選択します。

部門や補助も必要に応じて選択します。

③ 期首・期末棚卸仕訳の転送

一覧画面で【集計表（F6）】ボタンを押すと、集計表一覧が表示されます。入力した棚卸の一覧が確認できます。ここで、【仕訳作成（F4）】ボタンを押すと、仕訳が作成されます。

資材、農産物の両方がある時は両方を設定し終わってから転送します。

演習40

別冊9ページの米の棚卸を行います。（例題が演習になります）

6-6 決算修正の取引 資材の棚卸を計上（詳細）

参照 54、55ページ

詳細設定で資材の棚卸を行います。

棚卸表画面、棚卸区分の選択により区分ごとの一覧が表示されます

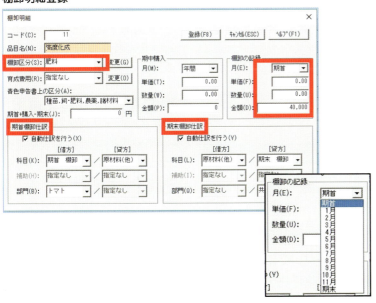

棚卸明細登録

棚卸の一覧画面で集計表を選択した集計一覧画面

① 棚卸の入力画面

決算グループ／自動仕訳サブグループの棚卸表を選択し、「詳細な棚卸表で入力する」オプションボタンを選択します。棚卸の一覧の《棚卸表》画面が表示されます。棚卸区分で目的の資材区分を選択します。

一覧画面で【新規（F3）】ボタンを押します。《棚卸明細》の画面が開きます。

コード番号と品目名を入力します。棚卸区分が違っていた時は区分を変更します。もし目的の区分が無かった場合は、【変更】のボタンを押して、追加します。簡単に行うには、棚卸の記録で期首棚卸で単価・数量を期末棚卸で単価・数量を入力します。金額だけの入力もできます。

② 期首・期末棚卸仕訳の設定

自動的に仕訳伝票を作成するために【自動仕訳を行う】チェックボックスにチェックを入れ、勘定科目を設定します。ここでは、農産物以外の棚卸を設定しますので、期首では借方に経費勘定の「期首棚卸」が貸方に資産勘定の「原材料（肥料その他貯蔵品）」を選択します。

期末では、借方に「原材料（肥料その他貯蔵品）」が貸方に経費勘定の「期末棚卸」が入ります。部門や補助も選択します。

③ 期首・期末棚卸仕訳作成

一覧画面で【集計表（F6）】ボタンを押すと、集計表一覧が表示されます。入力した棚卸の一覧が確認できます。

ここで、【仕訳作成（F4）】ボタンを押すと、仕訳が作成されます。

6-7 決算修正の取引 家計費分のあん分

参照 58ページ

購入時に経費として計上した動力光熱費などのうち家庭で使用した分を経費から家計費へ振替えます。

家計費按分の振替伝票を作成します。

演習41 別冊9ページの家計費分のあん分を行ってください。（例題が演習になります）

勘定科目（経費）表示と詳細ボタン

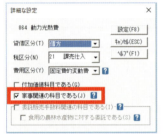

勘定科目設定の詳細な設定画面

① 勘定科目の設定で家事関連科目にチェック

初期グループ／基本サブグループの勘定科目設定を選択し、勘定科目一覧画面の分類で経費を選択します。経費に家計分も含まれる科目を選択し、【詳細(F3)】ボタンを押します。《詳細な設定》画面が開きます。経費の《詳細な設定》の画面では勘定科目の貸方・借方の設定とともに、画面右下に【家事関連の科目である】のチェックボックスがあります。ここにチェックを入れておくと、決算グループ／自動仕訳サブグループの家計費関連費按分表で合計金額が表示されます。

家事関連費按分表

勘定科目	補助科目	10％分	8％(軽減)分	8％分	5％分	3％分	家事仕向%
動力光熱費		105,000	0	0	0	0	40

家事関連費画面
家事仕向けの割合を入力

② 家事関連費按分表を選択

決算グループ／自動仕訳サブグループの家事関連費按分表を選択します。《家事関連按分表》画面が開きます。家事関連勘定科目としてチェックが入っている勘定科目とその合計が一覧表示されます。

③ 家計費分の割合もしくは金額を入力

家計費分の計算を行いたい勘定科目を太枠で囲んで【修正(F2)】のボタンを押します。《家事関連費》画面が開きます。【家計仕向の割合】を半角数字で入力します。【金額入力する】を選択すると金額でも入力できます。また、家計にあたる勘定科目・事業主貸の勘定科目も設定しておきます。設定が終了したら【登録(F8)】ボタンを押して一覧に戻ります。

事業分・家事分が分けられます

④ 仕訳を作成

一覧では事業分と家事分の金額が一覧になります。【仕訳作成(F3)】ボタンを押すと、仕訳が作成されます。

転送結果（作成された仕訳）

伝票No 月/日	取引付箋	コード	摘要	税 経過	借方科目 借方補助 借方部門	借方 消費税 数量	金額	税 経過	貸方科目 貸方補助 貸方部門	貸方 消費税 物件/賃借人	金額
67 ××/××	9		家事分の配分		事業主貸		43,600		動力光熱費 共通部門		43,600

6-8 決算修正の取引
家事消費分を計上

参照 59ページ

販売用に生産した農産物を家庭で食べた場合、年末に家事消費高として売上に計上します。

家庭で、経費が計上されている農作物を食べた場合の取引です。トマトを食べた取引を例とします。

演習42 別冊9ページの家事消費分を入力してください。例題が演習になります。

日付の入力(決算修正なので12月31日)　　取引区分の選択

① 取引区分を選択

日常グループ／帳簿サブグループの簡易振替伝票入力を選択しておきます。栽培し販売している農産物を自宅で食べた場合、家庭へ販売したことにしなければなりません。

決算取引で家事消費として計上します。このため、日付（12月31日）を入力後、取引区分は決算取引を選択します。

② 摘要文を選択

摘要文は「家事消費分の計上」を選択します。

備考文の選択

③ 備考文を選択

どのような農産物を食べたのか備考文に入力しておくと、後で参照できます。

部門の選択

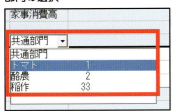

④ 部門を入力

家事消費高は売上グループの勘定科目なので、部門を入力します。

⑤ 金額を入力

金額を入力します。家族の食べた金額のおおよそを計算して入力します。

入力結果

家事消費分の計上は、棚卸仕訳作成の簡易形式でも行えます。

6-9 決算修正の取引 育成資産分を計上

参照 60ページ

成熟後減価償却資産になる資産の育成にかかった費用は その年の費用にはなりません。育成資産（資産）に振替えます。

ダイレクトメニューの設定を行う

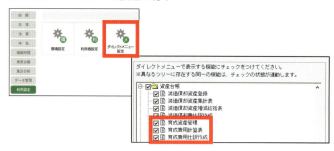

育成資産の管理の流れ

「農業簿記12」での育成資産管理の流れは次のようになっています。最初に、育成資産管理を行うために、利用設定グループのダイレクトメニュー設定を選択し、資産台帳の「育成資産管理」、「育成費用計算表」、「育成費用仕訳作成」のチェックボックスにチェックを入れておきます。

① 資産の種別を登録

資産台帳グループの育成資産管理画面で【種別（F9）】を選択し育成牛や未成茶園などの育成資産の種別を登録します。

登録した後、育成費を基準で計算するか、比率で計算（比率か費用按分）するかを決め、設定のボタンを選択します。基準で計算する場合は、基準金額を入力します。

ここでは、累計金額で計算を行うように設定しています。

資産種別一覧から、種別を選択

種別の一覧画面。ここから新規登録や修正が行える。登録結果（種別の一覧）も表示される。

種別を登録

齢数	取得費用	育成費用	基準金額
1	10,000	6,000	16,000
2	16,000	6,000	22,000
3	22,000	8,000	30,000
4	30,000	8,000	38,000
5	38,000	10,000	48,000
6	48,000	10,000	58,000
7	58,000	10,000	68,000
8	0	10,000	10,000
9	0	10,000	10,000
10	0	10,000	10,000
11	0	0	0
12	0	0	0
13	0	0	0
14	0	0	0
15	0	0	0
16	0	0	0

種別の一覧から【基準（F5）】ボタンを押して、基準設定の画面を開く。月齢ごとの経費を入力する。
比率を選べば（種別設定）比率の設定も行える。

② 育成資産を登録

資産台帳グループ、育成資産管理画面の新規登録【新規(F3)】を選択し、表示された育成資産登録画面で育成資産を登録します。

育成資産の登録

登録された育成資産

③ 費用の一覧

育成資産管理画面の【費用(F11)】のボタンを押すと、費用の一覧が表示されます。ここでは、基準の数字をもとに、自動的に計算をしています。調整がある時は、育成資産管理画面で、調整のある資産を選択（太枠で囲む）し、【修正(F2)】ボタンを押し、修正画面を表示して調整額を入力します。

費用計算表

④ 育成資産の減価償却資産登録

減価償却資産一括振替

育成資産が年数を経て償却資産となった場合、償却資産に振替える作業を自動的に行います。育成資産管理画面の【一括振替(F6)】ボタンを押すと減価償却に送る育成資産を選択する画面となります。減価償却資産となる育成資産にチェックを入れて選択します。

次いで、減価償却資産一括振替画面で【振替(F7)】ボタンを押すと、振替の設定画面が開きます。10万円未満の資産が選択されていると、見直すかの確認画面が表示されます。設定をし、【振替実行(F8)】ボタンを押すと振替が行われます。

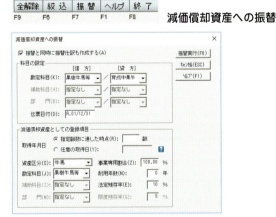
減価償却資産への振替

⑤ 育成費用の仕訳を作成

決算グループ／自動仕訳サブグループの育成費用仕訳作成または、資産台帳グループの育成費用仕訳作成を選択します。【仕訳作成(Shift＋F6)】を選択して育成費用の仕訳作成画面を表示します。画面で設定をして【作成開始(F8)】のボタンを押すと、仕訳が作成されます。

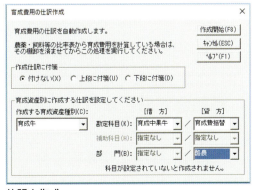
仕訳を作成

6-10 決算修正の取引 共済掛金積立金分の振替

参照 61ページ

共済掛金の積立金分の振替を行います。

農業で使用している建物（温室や納屋など）についての保険である建物更正共済（事業用として契約　積立型）では、損金に計上される部分と、積立金に計上される部分があります。掛金が引落になった時点では、経費として計上しておき、決算時に積立分を保険積立金として経費より振替える作業を行います。

演習43 別冊9ページの共済掛金分の振替を行ってください。例題が演習になります。

日常グループ／帳簿サブグループの簡易振替伝票入力を選択します。

① 取引区分の選択

日付（12月31日）を入力後、取引区分で「決算取引」を選択します。
先に「決算取引」を選択した場合、12月31日が自動的に入力されます。
ただし表示は※／※となります。

② 摘要文の選択

摘要文は、「共済掛金を保険積立に」を選択します。貸方に「共済掛金」、借方に「保険積立金」が表示されます。

③ 備考文の選択

保険積立の種類を記入しておきます。建物更生共済では、建更と記入しておきます。

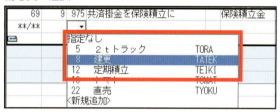

④ 金額と部門の入力

金額と共済掛金は経費なので部門を入力します。トマト用の温室の建更なので、「トマト」を選択します。

割り戻し
割り戻しがある場合は、雑収入として共済掛金に計上します。この共済掛金より積立分を振替えます。

共済掛金	雑収入

前納で共済掛金を払っている場合

共済掛金	前払保険金
保険積立金	前払保険金

共済掛金を一括で支払い、毎年一括金の中から経費に振替え、一括金が減っている場合です。
一括金を前払保険金として最初に入力しておきます。すでに一括で払い済みで、あらたにパソコン簿記で始める場合は、前払保険金の残高を期首残高で登録しておきます。
その上で、決算時に農協より届く経費振替分の知らせをもとに、前払保険金より共済掛金へ振替えます。また、積立分は保険積立金に振替えます。
通帳に割り戻しが入金になった時は、雑収入として計上します。

満期金が振込まれた場合

普通預金	保険積立金

建物更正共済などが満期になって積立分が預金に振込まれた場合です。
保険積立金が普通預金に振替えられた伝票を作成します。
預金に振込まれた金額は、積み立てた金額より増加しています。増加分金額によっては確定申告書で申告することを忘れないでください。

6-11 決算書作成へ 共通部門の部門割合設定

部門設定で共通部門として入力した売上・経費などについて、改めて部門ごとに割合を設定します。

初期グループ／詳細サブグループ→共通部門の配分

演習44 伝票の部門入力欄で共通部門とした売上・経費の一覧が表示されます。合計100％になるように各勘定科目の部門あん分を行ってください。

部門を設定した場合、売上と経費は部門管理を行います。入力時に売上と経費の勘定科目を入力するとその部門を聞いてきます。複数の部門にまたがる場合、どの部門と特定出来ないので「共通部門」として入力しておきます。

ただし、「共通部門」として入力した勘定科目については、部門ごとの割合を設定しなければ決算書の作成が行えません。

共通部門の配分を行うため、初期グループ／詳細サブグループの共通部門の配分を選択します。

① 画面の構成
画面の左側に部門の設定で共通部門を使用した勘定科目の一覧が表示されます。右側には、選択した勘定科目の部門別割合が表示されます。最初に示される部門別割合は、部門設定で設定した共通部門の配分割合です。

② 勘定科目の上から設定
画面が表示された直後は、左側の勘定科目のトップが選択されます。

トップの勘定科目の部門割合を、右側に部門の割合に入力します。合計で100％になるようにします。

③ 勘定科目の次を設定
次の勘定科目も部門の割合を設定します。マウスで2番目の勘定科目をクリックすると、右側の部門割合の表示は、選択した2番目の勘定科目の割合になります。選択した勘定科目の割合を最初の勘定科目と同様に設定します。

設定が終われば次の勘定科目に移ります。

こうして最後まで割合を設定します。

初期化ボタン
【初期化（F2）】ボタンを押すと、部門設定で行った部門割合で部門の割合を初期化します。初期化を行った後、勘定科目によって、部門設定での割合と違っている場合は、修正をします。

決算修正が終わったら
決算修正が終わったら、日常の入力内容の確認（131ページ）と同じく、試算表を表示して、現金や預金の残高の確認をします。通帳の残高とあっているでしょうか。また、売上や各経費勘定の残高も確認します。マイナスになっていないでしょうか。事業主貸は左側だけに金額が表示されているでしょうか。事業主借は右側だけに金額が表示されているでしょうか。長期借入金の残高は返済一覧表の残高とあっているでしょうか。こうした点に問題が発見されなければ、決算書の作成に進みます。

6-12 決算書作成へ 決算書を印刷1（決算書入力）

青色申告書の損益計算書・貸借対照表以外の部分の記入を行います。

申告グループ／決算書サブグループ→青色申告決算書入力（農業用）

　用意されている農業用の青色申告決算書は4ページとなっています。取引の入力結果として決算書に自動記入されるのは1ページ目の損益計算書、3ページ目の減価償却資産一覧、4ページ目の貸借対照表の3内容です。この他に、決算書には、2ページ目の収入金額の内訳や雑収入、専従者給与の内訳項目などがあります。青色申告決算書入力（農業用）では、こうした項目の入力が行えます。

氏名・住所などの入力

収入内訳の入力

収入金額の内訳・雑収入・専従者給与入力

① 青色申告決算書入力（農業用）を選択

　申告グループ／決算書サブグループの青色申告決算書入力（農業用）を選択します。共通部門の配分が100％になっていないという画面が表示された場合は、初期メニューグループの共通部門の配分処理で配分を行ってください。計算が行われ、《青色申告決算書入力（農業用）》の画面が開きます。元帳仕訳ボタンを押すと元帳が表示され、入力する数字の参照が行えます。

勘定科目部門、補助科目対応づけ

② 収入金額の内訳

　住所氏名の入力の後に、「収入金額の内訳・雑収入・専従者給与」のタブをクリックするか次ボタンを押して、《収入金額の内訳・雑収入・専従者給与》画面を表示します。【収入金額の内訳入力】ボタンを押すと収入内訳入力の画面が開きます。画面下に損益計算書での合計金額が計算されていますので、この金額に合うよう部門ごとの収入金額と棚卸金額を入力してください。また、内訳の作物を選択し、【対応付け(F4)】ボタンを押すと、選択した作物に集計される勘定科目や部門の指定が行える画面が表示されます。指定を行い、【集計(F6)】ボタンを押すと集計が行われます。

棚卸の入力

③ 雑収入・専従者給与などの入力

　《収入金額の内訳・雑収入・専従者給与》画面で雑収入と専従者給与を入力します。元帳などを参照しながら入力をしてください。

④ 棚卸高の内訳

　棚卸表で棚卸高を入力している場合、【棚卸表から転送(F2)】ボタンを押すと自動的に棚卸高が入力されます。

⑤ 他の入力

　この他にも、地代や利子割引料などの入力があります。元帳などを確認しながら入力してください。

特殊事情の入力

6-13 決算書を印刷 2

決算書作成へ

毎日の取引と決算修正取引を入力してきた結果として、いよいよ決算書を作成します。

> 申告グループ／決算書サブグループ→青色申告決算書印刷

青色決算書画面

① 対象決算書の選択

申告グループ／決算書サブグループの青色申告決算書印刷を選択すると《青色申告決算書印刷》画面が開きます。
《青色申告決算書印刷》画面の【対象決算書】ドロップダウンリストで農業用青色申告決算書、一般用青色申告決算書、不動産用青色申告決算書が選択できます。農業用青色申告決算書を選択してください。

② 印刷帳票の選択

全4ページの決算書のうち、どのページを印刷するかを設定します。減価償却資産が数多い時に、減価償却のみ出力にチェックを入れると減価償却一覧だけの印刷が行えます。

③ 特別控除の選択

特別控除を選択します。貸借対照表を添付しない場合は10万円になります。複式で記帳し、貸借対照表を作成し、電子申告もしくは電子帳簿保存している場合は65万円を選択します。そうでない時は55万円控除を選択します。

④ 不動産所得金額

不動産収入がある場合、特別控除は不動産収入の方から先に控除します。不動産所得が30万円という場合は、残り35万円（65万円控除の場合）は農業から控除になります。このため、不動産所得がある場合は、自動的に不動産の所得金額が入力されます。肉用牛についての特例の適用を受ける時はその金額を入力してください。

青色申告決算書画面

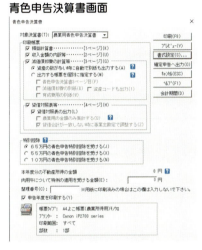

書式設定画面

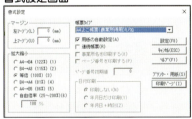

書式設定

《青色申告決算書》画面で【書式設定】ボタンを押すと《書式設定》画面が開きます。

① 帳票タイプなど

【帳票タイプ】ドロップダウンリストを選択すると印刷帳票が選択できます。
マージンを変えることで、印刷位置の調節が行えます。設定が終了したら【設定（F8）】ボタンを押します。

プリンターの設定画面

プリンター・用紙

《書式設定》の画面で【プリンター・用紙】ボタンを押すと《プリンターの設定》画面が開きます。ここで使用するプリンターを設定します。設定が終了したら【OK】ボタンを押します。

印刷画面

印刷ページ

《書式設定画面》で【印刷ページ】ボタンを押すと《印刷》の画面が開きます。印刷範囲や部数の設定が行えます。

1ページ目　損益計算書

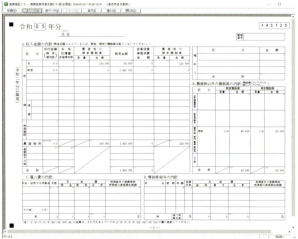

2ページ目　収入の内訳など

3ページ目　減価償却資産一覧など

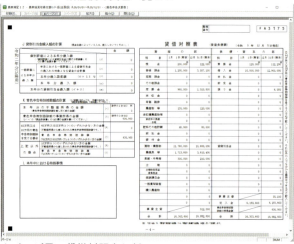

4ページ目　貸借対照表など

農業用青色申告決算書

《青色申告決算書》画面で【プレビュー】ボタンを押すと、印刷した場合と同じ結果が画面で確認できます。農業の場合は、4ページの決算書が表示されます。プレビュー画面上部の【次ページ】ボタンを押すと次のページが確認できます。

1ページ目（損益計算書）

1ページ目は収入金額と経費が表示されるページです。入力した取引から自動的に記入されます。

2ページ目（収入の内訳など）

2ページ目には収入の内訳、地代・賃借料の内訳、利子割引料の内訳、雑収入の内訳、農産物以外の棚卸高の内訳、税理士・弁護士の報酬・料金の内訳が表示されます。

このページの内容は、青色申告決算書入力（農業用）の機能で入力したものが表示されます。

3ページ目（減価償却資産一覧表など）

3ページ目には減価償却費の計算、果樹・牛馬の育成費用の計算、雇人費の内訳、専従者給与の内訳が表示されます。

減価償却費の計算表は、減価償却資産登録に登録されている資産が表示されます。他の内容は、青色申告決算書入力（農業用）で入力した内容が表示されます。

4ページ目（貸借対照表など）

4ページ目には貸倒引当金の計算、青色申告特別控除の計算、貸借対照表が表示されます。このうち、貸借対照表は入力した取引から自動的に作成されます。

他の内容は、青色申告決算書入力（農業用）で入力した内容が表示されます。

　決算書を印刷してみましょう。

プリンターの設定を忘れずに

プレビューを表示するためには使用プリンタの登録設定をしておいてください。
プリンターの登録をしていないとプレビューは表示されません。

6-14 決算修正の取引
消費税の設定と申告書の作成

消費税の課税事業者になると消費税の申告が必要になります。

消費税納入の基本

1,000万円以上の消費税課税売上があると、課税業者になり、預かっている消費税分を国に返さなければいけなくなります。この返す申告を行うことが消費税の申告です。預かっている消費税を計算し納めることになります。この消費税の申告書を、農業簿記12では作成することができます。最初に消費税の基本的仕組みと申告書の作成方法を説明します。

課税業者 ──── 預かった消費税を納めなければいけない業者

消費税の制度は1989年4月より施行され、この時は課税売上高本体の3%でした。消費税を受取る全ての業者が預かっている消費税を国に返すのではなく、3,000万円以上の課税売上（消費税をもらう売上）がある業者だけが課税業者となり、預かっている消費税を申告・納税する形でした。それ未満の売上の業者は免税業者となりました。

1997年から消費税率は5%にそして2014年からは8%へと上がっています。その途中2003年から3,000万円の免税点が1,000万円になり、多くの農家が課税業者となりました。2019年10月からは消費税率は10%となりました。ただし食品等については、軽減の8%になっています。

課税業者となって、預かった消費税を納める

2023年	2024年	2025年
課税業者になる （課税売上高1,000万円以上）		この年預かっている 消費税を申告

2023年、今まで免税業者であったが、この年課税売上が1,000万円を超した場合（分かるのは2024年3月15日締切の確定申告で）課税業者となります。2023年の売上で課税業者となったので、2年後の2025年の売上から、その年（2025年）の売上に対しての預かっている消費税を計算して申告（2026年3月31日まで）します。

預かっている消費税の基本的な計算の仕方 ──── 経費税率10%、外税での場合

品物を販売
商品本体分　10,000円
外税10%　　1,000円

手元（預かった）消費税
1,000 − 600 = 400（納める消費税）

原材料を仕入れ
原材料　　6,000円
外税10%　 600円

2つの納付消費税額の計算の仕方

原則課税　　上記の図のように課税売上をすべて計算し、入金された消費税を計算し、出金された課税経費を計算し差額の消費税を計算し、その差額を納める税額とします。

簡易課税　　課税売上が5,000万円未満の時には、簡易課税方式の計算方法が選べます。簡易課税では、売上の70%（2019年9月末までで 第3種 製造業 みなし仕入れ率）を経費と見積もって計算し、手元に預かっている消費税額を計算し申告する方法です。平均的に簡易課税の方が納める税額は少なくなります。

事業区分	第一種事業	第二種事業	第三種事業	第四種事業	第五種事業	第六種事業
みなし仕入率	90%	80%	70%	60%	50%	40%
該当する事業	卸売業	小売業	農・林・漁・鉱・建設・製造業など	飲食店業など	運輸通信業、金融・保険業、サービス業など	不動産業

消費税申告のための基本的な設定（8％の時を例に）

消費税申告書作成のための設定はここでの流れがまず基本になります。

消費税が8％だけの時までは、以下のような流れで消費税の申告書を作成していました。（消費税率10％、8％軽減税率は次ページで説明）

原則課税の場合 ─── 課税売上、課税経費についての農業簿記12での伝票入力は、収入の勘定科目の税区分に11（課税売上）を入力し課税であることをしるしづけます。課税経費には経費勘定科目の税区分に21（課売仕入）を入力し、課税売上経費であることをしるしづけます。こうすると伝票の（消費税）率項目で消費税率を選択できるようになります。税率に8％を選択します。消費税申告作成メニューでは、課税の収入と支出の合計を正味の金額を出して、受取った消費税と支払った消費税を計算し、国税と地方税に分けて申告書を作成します。

簡易課税の場合 ─── 部門の設定で、部門ごとに第1種から第6種までの事業を指定します。伝票の入力では、収入科目のみに課税の区分（11～17）を選択します。消費税申告作成メニューで、収入科目の合計から受取った消費税を計算し、収入科目の合計の70％を見積もった経費とし、支払った消費税を計算します。

委託販売手数料相当売上 ─── 委託販売手数料相当売上（売上より委託販売手数料に使われた分）を引いた売上高での計上が行えます。または計上したときはその売上高は課税売上としません。（軽減8％になって変更になりました。次ページを参照して下さい）

売上高10万円、手取り8万円、委託販売経費2万円の場合

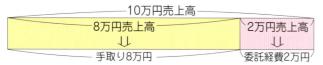

経費2万円（委託販売手数料）の売上高2万円を経費に相当する売上高と言っています。

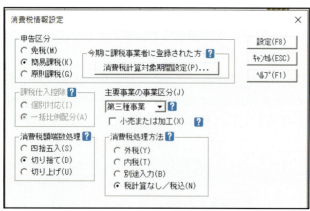

消費税情報設定画面

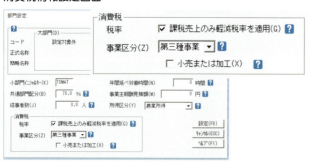

部門設定画面

消費税情報設定　初期／消費税情報設定

初期グループの基本サブグループの消費税情報設定の《申告区分》で免税か簡易課税か、原則課税かの選択をします。簡易課税を選択した場合は、《主要事業の事業区分》で事業区分を選択します。また《消費税処理方法》は税込み金額で入力した方がわかりやすいので税計算無し／税込を選択すると良いと思います。

部門の設定　初期／部門設定

農業簿記12では農業だけでなく不動産の決算書や一般の決算書の作成も行えます。それぞれの決算書を作るためには部門の設定を行っておきます。消費税の簡易課税事業区分は、農業や不動産によって事業区分が変わってきます。このため、部門を作り、簡易課税で消費税の申告を行っている場合は部門ごとに消費税事業区分を設定します。

伝票での入力

課税売上では《11 課税売上》を入力し、税率を選択します。

経費も経費勘定科目前に《21 課売仕入》を選択し、税率を入力します。簡易課税では経費は入力しません。

売上の税率の入力

経費の入力した結果

2019年10月より10％と軽減8％の税率になりました

消費税の制度が2019年10月より消費税率が10％になり、
軽減税率（8％）も取り入れられ、大きく変わりました。

2019年10月より、消費税率が8％から10％（標準税率）になりました。ただ、所得の低い人に配慮するため「酒類・外食を除く飲食料品」と「定期購読契約が締結された週2回以上発行される新聞」に「軽減税率制度」8％が実施されました。花などの非食品の場合、税率は10％の標準税率になります。

原則課税を選択した場合

10％（標準税率） —— 花などの非食品の場合、売上などの収入科目も、外に支払っている支出科目も10％で消費税を計算します。消費税込みで計算するか、受け取った消費税は仮受消費税（負債勘定）、支払った消費税は仮払消費税（資産勘定）で仕訳し、その差額を預かり消費税とし、国に納めます。実際の入力は消費税込みで行う方が、管理は容易です。

委託販売 —— 原則課税では売上は10％で記録し、農協手数料なども10％で記録します。花のように非食用の10％税率の商品では、委託販売に関して、今まで通り販売手数料を引いた売上で記録することができます。また、委託販売費の計上をした時、相手科目の売上高は非課税になります。

8％（軽減税率） —— 食品等の売上で受け取った消費税は軽減8％で計算する一方、支払った消費税のほとんどは10％で計算します。差引が預かっている消費税で、納める消費税です。

委託販売 —— 販売手数料を引いた売上で記録することは出来ません。販売手数料に相当する売上を含めたすべての売上に軽減8％、そして販売手数料10％の記録をします。

簡易課税を選択した場合

10％（標準税率） —— 非食用の農林水産物を生産する事業は、従前通り第三種事業に区分され、みなし仕入率は70％となります。

委託販売 —— 委託販売経費に相当する売上については、非課税売上となります。委託手数料部分を含んだ全売上の中の委託販売経費に相当する売上を除いた売上が課税売上となります。

8％（軽減税率） —— 売上による受取る消費税8％に対して、資材などの購入で支払う手数料が10％となるため、みなし仕入率は2種の80％となります。

委託販売 —— みなし仕入れ率が80％になるにともない、委託販売経費に相当する売上を課税売上から外す委託販売での控除が無くなります。委託販売経費分も含んだ売上として8％の課税売上となります。

正確な消費税の申告書を作成するための設定

1：消費税の設定——申告の基本が原則課税か、簡易課税かを設定します。

2：勘定科目・補助科目での設定——売上高のように一つの勘定科目で10％（標準税率）と8％（軽減税率）があるときは、補助科目を使って設定をします。

3：部門で設定——簡易課税を選択した場合、部門の設定で、部門ごとに事業区分を設定します。また、売上高を部門で分けて管理している場合、食用の部門には「課税売上のみ軽減税率を適用」を設定します。

4：仕訳辞書の見直し——仕訳辞書で設定している消費税の税率は見直しておきます。

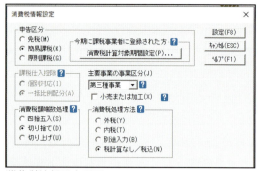

消費税情報設定画面

消費税情報設定　初期／消費税情報設定

初期グループ／基本サブグループの消費税情報設定の《申告区分》で免税か簡易課税か、原則課税かの選択をします。10％税率か軽減8％税率かの設定の前に、まずは原則課税か、簡易課税かの基本を決めておかなければならないので課税業者であれば《消費税の情報設定》でどちらかを選択しておきます。課税業者でない場合は、免税を選択します。

勘定科目設定

補助科目設定

勘定科目での設定

委託販売手数に関わる勘定科目を選択し【詳細】ボタンを押すと詳細設定のダイアログが開きます。ここで委託販売手数料に関わる科目の場合その項目にチェックを入れます。加えて、それが軽減税率に関わるときは食用の委託であることにチェックを入れます。この勘定科目を使った仕訳を行い、勘定科目の税区分に数字を入れると、率が選択・表示されます。

補助科目での設定

一つの勘定科目で、標準税率と軽減税率があるような場合、例えば花とトマトがあった時などは、売上高では、補助科目を設定します。補助科目で、花とトマトを設定し、トマトは食用なので「日付に従う（軽減）」に、花は「日付に従う（標準）」にします。

委託販売手数料と入力の設定

市場などを通じた農産物の販売は、販売にかかる費用を農家が負担をしているので「委託販売」と呼ばれます。原則課税では、売上、経費とも入金と出金の消費税を計算することになります。

また、原則課税では、委託経費とそれに相当する売上を除いた純額処理も可能です。簡易課税の場合は、純額処理は認められなくなり総額処理になりました。ただし、非食品（標準税率10％）では認められています。

税率を正しく入力するために様々な設定が行えます。一つは勘定科目で、同じ勘定科目で標準と軽減がある場合には、補助科目で設定しておきます。また、部門ごとにそれらを設定することも行えます。

部門の設定で事業区分指定

農業簿記12では不動産の決算書作成や一般の決算書作成も行えます。近年は農業と不動産の両方を経営する方も少なくありません。農業と不動産別々の決算書を作成するために部門管理をしますが、簡易課税の売上に対するみなし仕入率が事業によって違ってきます。ですので、部門管理設定の中で簡易課税の事業区分の指定も合わせて行います。これにより、簡易課税での集計が正しく行われるようになります。

2019年9月迄に第三種と設定したものは、訂正することなく2019年10月以降は標準税率（10％）であれば第三種、軽減税率であれば第二種として扱われます。

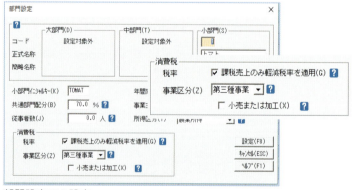

部門設定での設定

伝票No 月／日	取引 付箋	コード 付箋	摘要 率	税 経過	借方科目 借方補助 借方部門	借方　金額 借方 消費税 数量	税 経過	貸方科目 貸方補助 貸方部門	貸方　金額 貸方 消費税 物件／貸借人
68 11/10	3	101	農産物を出荷		普通　預金 農協通帳	300,000	11	売 上 高 トマト	300,000
		8％軽							
69 11/11	4	459	荷造運賃の支払い	21	委託販売食 トマト	10,000		普通　預金 農協通帳	10,000
		10％							
70 11/11	4	459	荷造運賃の支払い	21	荷造運賃 トマト	10,000		普通　預金 農協通帳	10,000
		10％							

入力した結果

消費税申告書の印刷

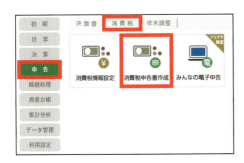

作成された消費税申告書

集計条件の画面

1：消費税集計条件

申告グループの消費税サブグループ、消費税申告書作成グループボタンを押すと、消費税集計条件の画面が開きます。申告区分、集計期間、旧税率の仕訳有る無しなどの設定を行います。

2：消費税申告書設定

消費税集計条件の【集計開始（F8）】ボタンを押すと、消費税申告書設定画面が開きます。

2023年度分の消費税の申告書です。

簡易課税での申告書設定画面は基本、納税地、マイナンバー、金融機関、売上、売上返還、貸倒、調整などの7枚から構成されています。原則課税では売上返還の代わりに仕入が入っています。特に、売上と仕入の集計が正しい集計になっているかを確認してく下さい。

基本では課税期間などを入力します。また、予定納税を行っている場合は、調整等の画面で入力します。

申告書設定　基本

申告書設定　売上

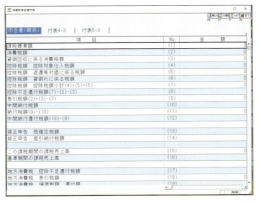

申告書設定　調整等

3：集計画面

集計条件設定を行うとこれらの数字は集計画面に反映されます。この数字を元に申告書を作成します。

4：印刷

集計画面の【印刷（F7）】ボタンを押すと、印刷設定の画面が開きます。何の印刷がしたいかの設定をして【印刷】ボタンをおします。上記のような申告書が作成されます。

6-15 インボイス制度の概要

原則課税で仕入税額控除をするために必要なインボイス制度の概要です

　6-14で説明したように課税業者で消費税の申告を原則課税で行う場合、申告金額は原則受取った消費税額から支払った消費税額の差額になります。この支払った消費税を控除（仕入税額控除）するためには、適格請求書発行事業者による適格請求書の保存が義務付けられました。

1：消費税申告金額計算の復習

預かっている消費税の基本的な計算の仕方　―― 経費税率10％、外税での場合

品物を販売　　手元（預かった）消費税　　原材料を仕入れ
　　　　　　　1,000 － 600 ＝ 400（納める消費税）

商品本体分　10,000 円　　　　　　　　　原材料　6,000 円
外税10％　　 1,000 円　　　　　　　　　外税10％　600 円

請求書
●●農園様　　　　　　　　　　　○年○月○日
　　　　　　　　　　　　　　　　　全農資材㈱
資材　1式　¥10,000　登録番号×××
肥料　3袋　¥20,000
　　　　　　¥30,000
10%消費税　¥3,000

　申告消費税額の計算方法は、課税売上により入金（本来国に納めるべき負債－受取消費税）した金額と支払ったときに合わせて出金（相手に支払いとして渡した資産－支払消費税）した金額の差を計算します。消費税額を決めるこの方法を「原則課税」といい本来の申告消費税金額を計算するやりかたになっています。
　課税売上が5,000万円以下場合はみなし仕入率を用いた「簡易課税」という方法を選択することができます。（簡易課税により申告消費税額を計算する方法をとる場合には事前の届出が必要です。詳しくは前節を参照してください）。

2：インボイス（適格請求書）制度とは

　原則課税で、出金した経費などの消費税を入金した消費税から引いて（仕入税額控除）申告税額を計算するためにはインボイス（適格請求書　以降インボイスと表記）を発行できる業者として適格請求書発行事業者業者が発行する登録番号の入ったインボイスを受け取り保存しておくことが義務付けられました。

3：売手側と買手側

　インボイスへの関わり方は、買い手としての関わり方と売り手としての関わり方があります。それぞれの関わり方の詳細は次節で説明しますが、概要は次のようになっています。

売り手側でのインボイス

　売り手側としては、買い手の要望に応じてインボイスを発行しなければなりません。インボイスを発行するためにはインボイス発行事業者として登録し、登録番号が入ったインボイスを発行しなければなりません。インボイス事業者となるためには、売り手側の課税売上が1,000万円以下の免税事業者であっても課税事業者にならなければインボイス発行は行えません。
　インボイスの発行に伴っては農協特例や委託販売特例などがあります。

買い手側のインボイス

　買い手側で原則課税により申告消費税額を計算している場合、出金消費税を入金消費税から控除するために購入した商品に対するインボイスを得て保存する必要があります。計算に関連してインボイスの発行を受けなくても仕入税額控除をしばらくの間80％で控除できる「80％経過措置」などの特例もあります。

6-16 売手側と買手側での処理方法

売手側ではインボイスの発行の条件を、買手側ではインボイスの入手の条件を知っておきます。

6-15で説明したように、インボイス制度は売手側（消費税入金）にも買手側（消費税支払）どちらにも関係してきます。どのような形で関係するか、またその処理の仕方をまとめました。

1：売手側として — インボイスの発行

	売上相手に対するインボイス発行の必要性	売上相手の課税売上高状況	売上相手の消費税申告有無と課税消費税計算方法
1	無し	個人消費者	事業用購入でなく売上も無いのでインボイスは求められない
2	無し	課税売上が1,000万円未満	売上相手の取引先がインボイスを求めない 売上相手は課税業者とならない 売手側にインボイスを求めない
3	無し	課税売上が1,000万円未満	売上相手の取引先がインボイスを求める 売上相手が課税業者になったが簡易課税を選択 簡易課税なので売手側にインボイスは求めない
4	インボイス発行必要	課税売上が1,000万円未満	売上相手の取引先がインボイスを求める 売上相手が課税業者になり原則課税を選択 原則課税を選んだので売手側にインボイスを求める
5	無し	課税売上 1,000万円以上5,000万円未満	売上相手は簡易課税も選べる課税業者 売上相手が簡易課税を選択 売手側にインボイスは求めない
6	インボイス発行必要	課税売上 1,000万円以上5,000万円未満	売上相手は簡易課税も選べる課税業者 売上相手が原則課税を選択 売手側にインボイスが求める
7	インボイス発行必要	課税売上 5,000万円以上	売上相手は原則課税しか選べない課税業者 原則課税なので売手側にインボイスが求める

　売手側とインボイス（適格請求書）発行の関係は、買手側が仕入れに伴って支払った消費税（課税仕入額）を原則課税で仕入税額控除するために売手側にインボイスを請求する場合です。売手側は課税売上が1,000万円未満で免税業者であっても課税業者にならないとインボイスを発行することができませんので課税業者登録をしなければなりません。インボイスが求められるのは購入側が原則課税で仕入れ税額控除を行っている場合のみです。

1：個人の消費用にだけ売上を行っている場合、個人は売上も無く支払った消費税の仕入控除もありません。消費税の申告を行っていないのでインボイスを請求されることはありません。自分の申告消費税額は売上高に応じて免税から簡易課税、原則課税を選択します。

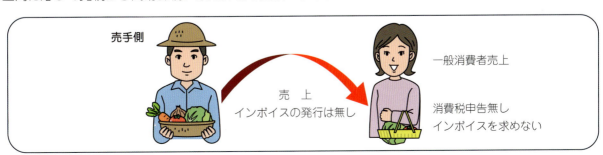

2,3,4：売上相手が 1,000 万円以下の課税売上だった時です。売上相手は免税業者になります。売上相手の取引先がインボイスを求めない場合、売上相手は免税業者となりますので、売手側にインボイスの発行は必要ありません。また売上相手の取引先が原則課税を選択しインボイスを発行を求める課税業者であっても、売上相手が簡易課税で申告を行っている場合はインボイスの発行は必要ありません。売上相手が原則課税を選択しているときのみインボイスの発行が必要になります。

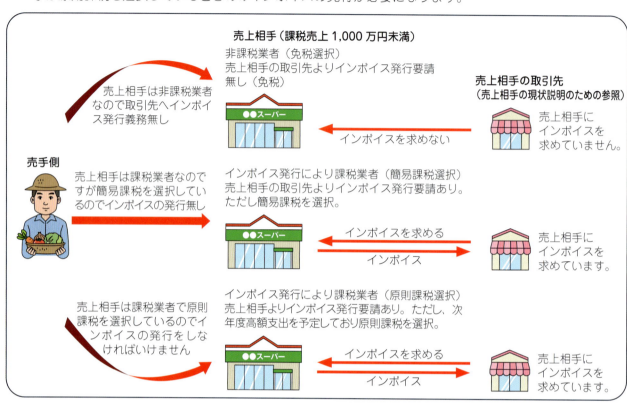

5,6：売上相手の課税売上高が 1,000 万円以上 5,000 万円未満の場合、すでに課税業者になっています。ただ簡易課税を選択することもできます。売上相手が簡易課税を選択している場合は仕入税額控除を行わないのでインボイスを発行する必要はありません。売上相手が原則課税で消費税を申告している場合はインボイスの発行が必要になります。

7：売上相手が 5,000 万円以上の課税売上の場合は原則課税で消費税の申告を行いますのでインボイスの発行が必要になります。

2：買手側として―インボイスの入手と保存

	「仕入税額控除」用インボイス入手と保存	買手側の課税売上高	消費税申告の有無と計算方法の選択
1	必要なし	課税売上が 1,000 万円未満	**免税業者**として消費税申告無し 申告消費税 計算無し
2	必要なし		求められインボイスを発行し課税業者 ただし **簡易課税を選択** 申告消費税は簡易課税で計算
3	インボイス入手保存		求められインボイスを発行し課税業者 **原則課税を選択** **消費税は原則課税で計算**
4	必要なし	課税売上が 1,000 万円以上 5,000 万円未満	**簡易課税**を選択
5	インボイス入手保存		**原則課税**を選択
6	インボイス入手保存	課税売上が 5,000 万円以上	**原則課税**

　申告消費税額の原則的な計算方法は課税売上の消費税額から課税仕入の消費税額を引いた差額を申告します。この方法を原則課税といい申告消費税計算の原則となっています。ただし課税売上が 1,000 万円未満の場合は免税業者となります。ただ、買手側からインボイスを求められた場合は、課税業者となってインボイスを発行することができるようになります。課税業者となったので 1,000 万円以下の課税売上でも消費税の申告が必要になります。

　申告消費税の計算は簡易課税、原則課税のどちらかを選択し行います。1,000 万円以上 5,000 万円未満の課税売上の場合は簡易課税が選べる課税業者となるので、簡易課税、原則課税のどちらかを選択します。売上の買手側としては仕入に伴い支払った消費税は簡易課税で計算することも原則課税で計算することができます。課税売上が 5,000 万円以上の場合は原則課税のみとなります。

1：個人の消費用にだけ売上を行っている場合、個人は消費税の申告を行っていないのでインボイスを請求されることはありません。自分の申告消費税額は売上高に応じて免税から簡易課税、原則課税を選択します。

1,2,3：課税売上げが 1,000 万円未満で、インボイスも求められていない場合は免税業者のままですから申告消費税の計算もありません。売上先からインボイスを求められ発行しているため課税業者となった場合は、買手側として申告消費税の計算は簡易課税か原則課税どちらも選択できます。多くは簡易課税を選択しているようです。簡易課税を選択した場合は買手側としてインボイスを入手し保存する必要はありません。課税業者となり原則課税を選択した場合はインボイスを入手し保存します。

4,5：課税売上が 1,000 万円以上 5,000 万円未満の場合は課税業者となるので、売手側の求めに応じてインボイスを発行します。ただし買手側として簡易課税を選択もできます。簡易課税を選択した場合は仕入元からインボイスを入手し保存する必要はありません。原則課税を選択した場合インボイスの入手と保存が必要になります。

6：5,000 万円以上の課税売上がある場合は原則課税のみの課税業者になります。課税仕入れをした場合、仕入税額控除を受けるためにはインボイスを入手し保存しなければなりません。

仕入税額控除の特例（80％経過措置）

　インボイス制度が始まったばかりですので、売手側でスムーズにインボイスを発行できない業者もあることから、当面の間（6 年間、当初の 3 年間は 80％、4 年目以降は 50％）、インボイスが無くても 80％、50％ が仕入税額控除が出来る特例が実施されます。農業経営簿記 12 ではこの控除に対応をしています。農協を通じて委託販売を行った場合は農協がインボイスを発行する農協特例や卸売市場がインボイスを発行する卸売市場特例等が用意されています。

3：売手側としての、買手側としての対処事例

事例1： 私は花を栽培して販売しています。今年1年間で課税売上が950万円でした。免税業者でした。売上相手は個人が50％、残りは年間売上が2,000万円の花の小売店に卸しています。花の小売店は5,000万円未満の課税売上のため、簡易課税で消費税の申告を行っておりインボイス（適格請求書）は求められていませんでした。

　私はインボイスを発行するために課税事業者になる必要が無いので免税事業者のままで、消費税の申告は行いませんでした。

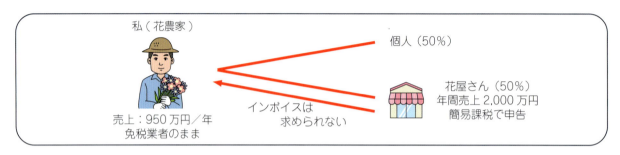

事例2： 私は花を栽培して販売しています。今年1年間の売上が950万円でした。売り先は大手の花小売店で全量をこの小売店に販売しました。小売店は年間5,000万円以上を販売している課税業者で原則課税で消費税の申告を行っています。インボイスを求められ950万円のインボイスを発行するために、課税業者となったので簡易課税で消費税の申告を行いました。簡易課税の申告なので、自分の申告にインボイスは必要ではありませんでした。

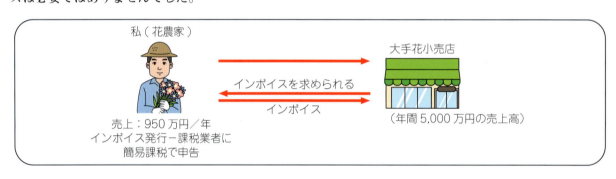

事例3： 私は野菜と花を栽培しており、野菜の売上は600万円、花の売上が500万円となっています。野菜は農協を通じて販売しています。また花は大手の小売店3店に卸しています。大手の小売店からはインボイスが求められました。

　野菜は農協を通して委託販売していますので農協特例で農協から必要なお客さんにインボイスが発行されています。花については3店の小売店のうち2店よりインボイスが求められインボイスを発行しました。簡易課税を選択し、消費税の申告を行いました。

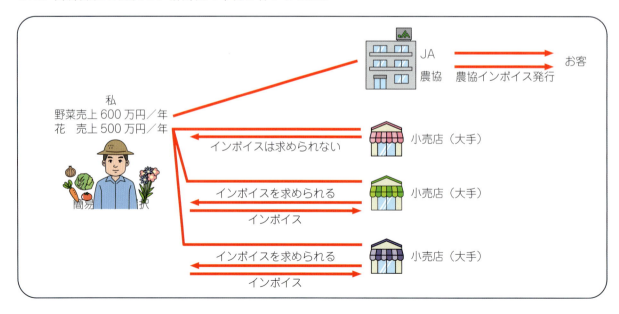

事例4：　私は今年米を販売して売上高が1,500万円ありました。すべて農協を通じて出荷したので農協特例によりインボイスは農協から発行されましたが、課税業者となります。来年は倉庫を建てたりして支払う消費税額が増えるので、今年から原則課税で消費税の申告を行うこととしました。稲作の原材料仕入れに際し、インボイスを請求し保存しています。

事例5：　私は養豚経営を行っており、今年の売上は7,000万円ありました。全量大手畜産メーカーに出荷しています。畜産メーカーからはインボイスが求められ、発行をしました。自分の消費税申告書用にインボイスを請求し、手に入れ、昨年と同様に原則課税で申告を行いました。

6-17 インボイス制度の特例

インボイス制度には特例が用意されています。

　インボイスが制度が始まりましたが、まだ慣れない方が多く、農業は委託販売など一般的でない流通形態のためいくつかの特例が用意されています。

1：特例の概要

　インボイス制度が始まりましたが、始まったばかりであること、軽減税率があること、免税事業者制度があること、農業では委託販売が一般的であることなどから、しばらくの間特例が設けられることになりました。いくつかある特例と農業簿記12で行える特例への対応を紹介します。

2：農協特例　卸売市場特例など　インボイスの発行について

　委託販売や農協を通じ、5,000万円以上の課税売上があって消費税を原則課税で申告しているお客さんに販売する場合も出てきています。

　この場合、通常であればお客さんからインボイスの発行を求められますが、間に市場や農協が入るため直接インボイスを発行することが簡単ではありません。こうした場合、インボイスを求める事業者に対して個々の農家がインボイスを発行するのではなく、農家はインボイス発行義務が免除され卸売市場や農協がインボイスを発行します（農協特例や卸売市場特例）。ただし農協経営などによるファーマーズマーケットなどでの販売では課税事業者として登録しインボイスを発行しなければならなくなります。ファーマーズマーケットでは、インボイス発行事業者として登録した方用のレジを導入して対応するようなことも考えられているようです。

3：インボイス（適格請求書）の作成について

　ソリマチではインボイス制度のスタートに合わせてWEB上で適格請求書の作成が行えるサービスをスタートさせています。

4：農業簿記12で80％経過措置入力が行えます

　課税業者で原則課税を選択しているものの、取引先が免税業者でインボイスが発行できず、インボイスを手に入れられない場合です。インボイスが手に入れられなかった場合その経費に支払われた消費税（支払い消費税）を控除することができません。

　80％経過措置（80％控除特例など、いろいろな呼ばれ方がされています）は、インボイス制度が周知されるまで2023年10月より3年間は80％が、2026年10月からの3年間は50％がインボイスを受取れなくても仕入控除税額が行える措置です。

2023年10月～2026年9月	2026年10月～2029年9月	それ以降
インボイスが無くても80％控除可	インボイスが無くても50％控除可	インボイスが無ければ仕入税額控除ができない

5：2割特例

　免税事業者であった個人事業者が課税事業者登録を受け、課税事業者になった場合、令和5年（2023年）から令和8年（2028年）まで実施される特例です。個人事業者の課税売上が1,000万円未満の時の預り消費税の計算で、課税売上高から計算した受け取り消費税の2割（20%）を納める消費税額として計算する方法です。

　簡易課税がとれる場合は、どちらが有利かを比べて、選択して下さい。

○納める消費税額 ── 売上で受け取った消費税額の20%
○使える場合

	R3年	R4年	R5年	R6年	R7年	R8年
課税売上高	800万円	1,200万円	900万円	1,100万円	900万円	1,200万円
特例可・不可			可	不可	可	不可

157

ソリマチ農業経営簿記 12 での 80％経過措置入力

　農業経営簿記 12 では「80％経過措置」の設定が行えるようになっています。
　原則課税で消費税の申告書を作成しており、かつ、消費税を含めて支払いを行った場合、控除の合計を自動計算するため、仕訳入力の際に科目の左に存在する「税」項目（税区分）で「21：課税売上仕入」を選択します。このように設定すると税率が表示され、税区分「21」を入力した下の項「経過」で「控除 80％」を選択します。
　これによって、原則課税で消費税申告を行うとインボイスが無い場合でもその経費の消費税額の 80％ で計算して申告書を作成します。

税 経過	借方科目 借方補助 借方部門	借方　金額 借方　消費税 数　　量
21	諸　材料費	100,000
控除 ▼ 指定なし 控除80%		

伝票No 月／日	取引 付箋 付箋	コード 率	摘　要	税 経過	借方科目 借方補助 借方部門	借方　金額 借方　消費税 数　量	税 経過	貸方科目 貸方補助 貸方部門	貸方　金額 貸方　消費税 物件／賃借人
71 12/10	2	223 10%	諸材料を購入	21 控80 トマト	諸　材料費	100,000		現　金	100,000

ソリマチの「インボイス王」でインボイスの作成

　ソリマチではインボイスを簡易に作成できるよう、WEB 上でインボイスが作成・送付ができる「インボイス王」を提供しています。「インボイス王」には以下のような機能が用意されています。
　ダイレクトメニュー画面のインボイス王ボタンからも、インボイス王に入れます。

台帳管理： 　インボイス作成のための取引先台帳と品目台帳が用意されています。これら台帳のデータにより手間をかけずにインボイスの作成が行えます。

請求書などの作成とインターネット送付： 　台帳のデータからインボイスの作成は取引先と品目の選択を行って単価・数量・合計を記録するだけで請求書、納品書、見積書、領収書が作成できます。
　作成された請求書は印刷して相手に渡すことができるほか、インターネットを通じて相手に送付を行うこともできます。受取った相手はこれをデータとして蓄積しておくことで保存が行えます。

請求書等の受信： 　取引先からのインボイスはデータとして受信することができます。紙の請求書ではどこかに取り紛れてしまうこともあるかもしれません。データで受信したインボイスは無くすことなく保存が可能になります。

6-18 電子申告をしてみよう

電子申告は65万円控除の条件の1つになります。

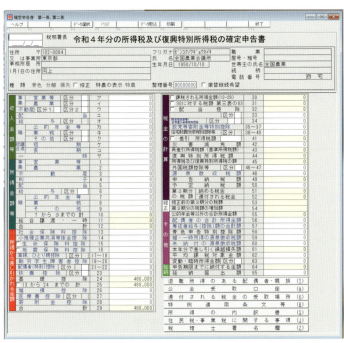

みんなの確定申告入力画面（2022年版－2023年版は作成中）

申告グループ→みんなの電子申告

近年は、申告書の提出場所まで行かなくても申告が行える電子申告がかなり一般化してきました。農業簿記12では、この電子申告が手軽に行える機能がついています。65万円控除を受けるためには、電子申告をするか、電子帳簿保存のどちらかをしていなければならなくなりました。

ソリマチクラブ（農業簿記）に入っている方は、電子申告ソフトが「そり蔵ネット」よりダウンロードでき、そのソフトを使用することで電子申告が実現します。電子申告する場合には、マイナンバーカードが必要になります。

---

① 簿記決算書と確定申告書の準備

農業簿記12を使って、決算書を作成しておきます。また、ソリマチクラブに入っている方には、毎年「みんなの確定申告」ソフトが届きます。このソフトを使って確定申告書を作成しておきます。

決算書や確定申告書が用意されていることが確認できたら、申告グループ／決算書もしくは消費税サブグループから、「みんなの電子申告」を選択します。みんなの電子申告設定画面が開きます。設定画面で、簿記データ、確定申告データを指定します。

電子申告設定画面（2022年版 — 2023年版は税制変更等に合わせるため作成中 — 以降すべて 2022年の図版です）

会計ソフトの指定

確定申告ソフトの指定

選択された画面

確認画面

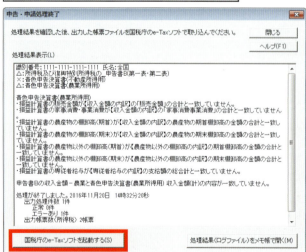
添付用ファイル作成確認の画面
〔図版は簿記10用です。〕

② **データの選択と所得税の申告**

電子申告設定画面で、データ一覧の新規作成を選択します。データの指定画面が表示されます。

会計製品とデータで決算書の指定、確定申告製品とデータで確定申告の指定を行ってください。この場合、それぞれのソフトで、電子申告用の利用者識別番号が入っていることが必要になります。

指定をした後、設定ボタンを押すと、データ一覧に戻り、設定したデータが一覧として表示されます。申告をしたいデータを選択します。

③ **申告を開始します**

電子申告画面で、その年の申告ボタンを押します。

確認の画面が表示されるので、必要に応じて税理士などの入力を行ったうえで、「申告・申請処理を実行する」ボタンを押します。

国税庁のe-Taxソフトで処理が行える帳票ファイルが作成されました。

④ **e-Tax ソフトの起動**

次いで、国税庁のe-Taxソフトを起動して、処理を続けます。

国税庁e-Taxソフトでは、最初に利用者識別番号と利用者名を入力し、保存ボタンを押します。

次の画面で、メニューボタンから「作成」－「申告・申請等」を選択し、「組み込み」ボタンをクリックし、表示される設定画面でファイルを指定し、申告・申請等を入力し、「OK」をします。

これで、データが組み込まれたので、後は国税庁e-Taxソフトの処理手順に従って送付の処理を行うと電子申告が完了します。

6-19 自分の取引を入力しよう

いよいよ自分の取引を入力していきます。練習を確認しながら設定を最初に行います。

　例題を元に入力の練習を行ってきました。これから、ご自身の毎日の取引データを入力し、実際に申告を行いましょう。ご自身の毎日の取引データを入力できるように次の①から⑦までの設定を行ってください。

① データの削除
例題で入力したデータを削除します（90 ページ参照）。

② 基本情報の設定
農園名など基本情報を設定します（91 ページ参照）。

③ 部門の設定
部門の設定を行います（92 ページ参照）。貸借科目は部門設定はしない方が良いと思います。

④ 勘定科目の追加・削除
勘定科目の追加と削除を行います（94 ページ参照）。

⑤ 補助科目の設定
科目によって、補助科目を設定します（95 ページ参照）。

⑥ 青申科目との対応設定
青色申告書の勘定科目との対応を設定します。なお、青色申告科目に必要な勘定科目が無い場合は、初期グループの青色勘定科目設定で追加を行ってください（94 ページ参照）。

⑦ 期首の残高の入力
期首の残高を入力します。普通預金は、仕事用の預金通帳の残高を入力してください。また、減価償却資産の期首残高は、決算グループの減価償却資産登録（126 ページ）で登録を行い、総括で勘定科目ごとの期首帳簿価格をメモし、入力してください（128 ページ参照）。始める段階ではすべての科目の残高が入っていなくても始められます。最初は現金と預金通帳額の入力から始めて気づいた時に他の科目の残高を入力して下さい。その時は常に貸借が同じになるよう元入金で調整します。

用意してきてください

いよいよご自身の取引を入力します。ご自分の取引を入力するために次の書類を用意してください。
① 昨年度の決算書　② 減価償却の一覧表
③ 本年度の領収書　④ 普通預金通帳　⑤ 長期借入金の返済一覧など

Appendix

体験版の使い方および
ローマ字表など
（不動産の設定と入力）

【体験版 CD-ROM 使用上の注意事項　ソリマチ㈱】

- パソコンの OS やエクセルのバージョンにより、本書で掲載しているエクセル画面と多少異なる場合がありますが、操作にかかわるうえでは本質的な違いはありませんので、本書の説明どおり操作してください。

- 本書添付の CD-ROM をもちいた運用は、必ずお客様自身の責任と判断によって行ってください。本 CD-ROM を使用した際に生じたいかなる障害についても、全国農業会議所および著者はいかなる責任も負いません。

- 添付 CD-ROM に収録されているソフトは、本書を講読されたお客様本人が個人で利用するために自由にコピーしたり、改造したりして結構です。ただし、無償、有償を問わず本書および添付 CD-ROM をコピーし第三者に配布、譲渡し、もしくは出版を目的としてコピーすることは著作権法違反となります。また、このソフトを使用したり、改造したりすることによる結果については、全国農業会議所および著者はいかなる責任も負いかねますので、あらかじめご了承ください。

ソリマチ農業簿記12体験版と全国農業会議所版データシートセットアップ

本書裏表紙に添付された体験版とデータシートを使用できるようにします。

体験版インストールのスタート

　体験版CDを光学読み取り装置（CDドライブなど）にセットします。農業簿記12体験版と全国農業会議所版データシートのインストール選択画面が表示されます。画面には、「農業簿記12」と書かれたボタンと「農業簿記12（全国版）」と書かれたボタンが並んでいます。

　「農業簿記12」の方をクリックすると農業簿記12の体験版のインストールが始まります。また「農業簿記12（全国版）」をクリックすると全国農業会議所版データシートがインストールされて使えるようになります。

　なお、体験版では、仕訳件数は75件、減価償却件数は5件、棚卸件数は30件、育成資産件数は3件、預貯金の内訳は5件、借入金の内訳は5件に制限されています。

インストール

　ウィンドウズ用のほとんどのソフトはパソコン本体内のハードディスクに移して利用できるようになります。ハードディスクにCD-ROMやDVDなどからプログラムを移すことをインストールといいます。この時使用するための設定も行われています。このためシステムをハードディスクに移すためのプログラム、Setup.exeなどのプログラムが用意されています。

農業簿記 12 体験版のインストール

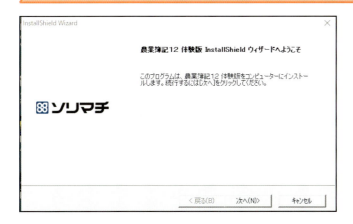

上記の画面の農業簿記 12 のボタンを押すと、「インストールの準備をしています」という告知（ダイアログ）の画面が出た後、「農業簿記 12　体験版　InstalShield ウィザードへようこと」という画面が表示されます。【次へボタン】を押すと、インストールのステップが始まります。

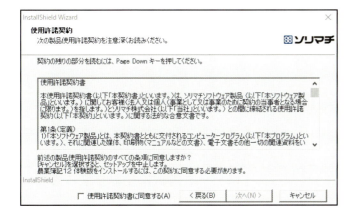

次に「使用許諾契約」の画面が表示されます。右側のスクロールボタンを押して全文を確認してください。内容に同意であればダイアログ（現在見ているソフトとのやり取りの画面）の下部にある【使用許諾契約書に同意するチェックボックス】にチェックを入れて【次へボタン】を押します。

ハードディスクのどこ（フォルダー）へ体験版をインストールするか「インストール先の設定」画面に替わります。設定されたインストール先で使用できますので、インストールボタンを押して【インストール】を開始します。

インストールの進行状態が分かる画面に替わり、インストールが終了すると、いくつか必要な処理が行われ最後にインストールの完了ダイアログが表示されます。体験版のインストールが成功しました。
"はい今すぐコンピュータを再起動します"の【オプションボタン】を選択し【完了ボタン】を押してください。ウィンドウズが再起動し体験版が使用できるようになります。

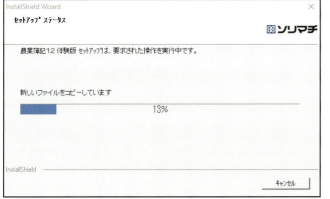

165

農業簿記 12（全国版）のインストール

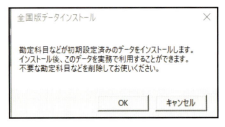

農業簿記 12 体験版画面の「農業簿記 12（全国版）」ボタンを押すと、全国農業会議所全国版データのインストールが始まります。

最初にインストール開始のダイアログが表示されますので、【OK】ボタンを押して次の画面に進みます。農業簿記体験版がインストールされているフォルダーの指定が出てきますが、設定されていますので【OK】ボタンを押して次のデータディレクトリー（フォルダー）の指定に移ります。データフォルダーは全国版をインストールしている年度で作成されます。図では2024 年に作成したので 2024DATA となっています。ただし内容のデーターシートは 2023 年版で作成されていますので、作成したのち初期の基本情報設定の会計期間で修正してご使用下さい。

作成が終了すると終了のメッセージが表示されます。

インストールした全国版データシートはそのままではまだ使用できません。使用できるようにデータ選択に登録をする必要があります。

ダイレクトメニューのデータ管理（画面上部のデータ選択ボタン）からデータ選択ボタンを押します。登録されているデータシートの一覧が表示されますが、その中に先ほどインストールした全国版データシートが無い場合は新規ボタンを押して設定をします。新規ボタンを押すとデータ登録修正のダイアログが表示されるので、データフォルダーの参照ボタンを押します。参照画面が表示されるので BK12Demo のフォルダーの中の先ほど作成した年の書かれたフォルダー（2024 年に作成したものは 2024DATA となっています）を指定し、登録ボタンを押します。一覧画面に全国版データが表示されるので、太い枠で囲み選択ボタンを押して選択します。左側に赤いチェックが入り選択が完了し、使用できるようになります。画面のトップにも「農業経営改善支援センター版（全国版）のタイトルが表示されます。

不動産入力のための設定と入力方法

大都市圏の農業では、農作物の生産とともに不動産の資産管理が大事になっています。「農業簿記12」では、農業決算書の作成とともに、一般用の申告書と、不動産用の申告書も併せて作成が行えるようになっています。このページでは資産管理（不動産決算書の作成）を行うための設定方法と入力の仕方、また作成される決算書の説明をします。

コンポーネントでチェック

① ダイレクトメニュー設定で不動産収入管理を選択

利用設定グループのダイレクトメニュー設定を選択します。初期グループ／基本サブグループ、または日常グループ／帳簿サブグループで【不動産収入管理】チェックボックスにチェックを入れておきます。

資産台帳グループでも選択をしておきます。

② 基本情報設定でのチェック

初期グループ／基本サブグループの基本情報の設定を選択します。《基本情報設定》画面で【不動産用の申告書を提出している】チェックボックスにチェックを入れます。（主な事業に農業を選択しているため、不動産用の申告書を提出しているにチェックを入れています。）

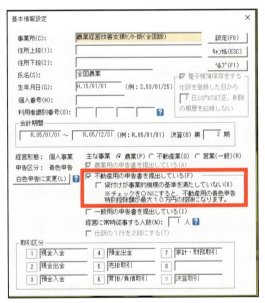

基本情報の設定

③ 部門での設定

初期グループ／基本サブグループの部門の設定を選択します。部門設定で不動産部門の部門設定を行います。この時、所得区分で不動産所得を選択しておきます。

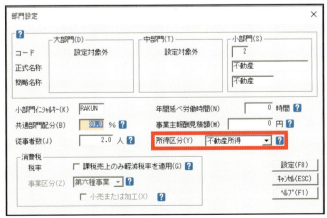

部門の設定

部門設定一覧

167

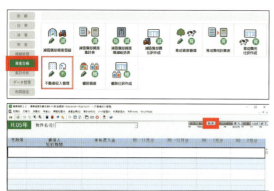

④ 不動産収入管理を選択・設定

資産台帳グループの中の不動産収入管理を選択します。最初に所有不動産（物件）と賃借人の設定を行います。（物件を登録すると賃借人が登録できるようになります）初期登録グループや日常グループでも選択できます。

⑤ 物件と賃借人、入金状況一覧

資産台帳グループ（帳簿メニューグループでも選択できます）の不動産設定を選択すると所有物件と賃借人の一覧が表示され、入金状態を一覧できる《不動産収入管理》画面が表示されます。画面左上のドロップダウンリストで物件の選択が行なえます。新規物件の登録は、右上の【物件(F5)】ボタンを押します。また、賃借人の登録を行う時は【賃借(F6)】ボタンを押します。新規に始める場合、賃借人の登録の前に物件を登録しておいてください。

また、初めて登録する時は、一覧画面は一覧とはなっていません。

不動産収入管理画面　物件も賃借人も登録されていません。

物件の登録1　物件画面

⑥ 物件の登録

【物件（F5）】ボタンを押すと物件一覧の《物件管理》画面が開きます。新規の物件を登録する時は【新規（F3）】ボタンを押します。《物件登録修正》画面が開きます。物件登録画面は、物件、仕訳、保証金敷金の3画面から構成されています。

○物件画面

物件登録画面のコード番号は自動的に入力されています。貸家、貸地などの区分はドロップダウンリストから選択してください。もし、区分が無い場合は、【変更】ボタンを押して追加をしてください。用途は、「住宅用」か「住宅用以外等」を入力します。次いで、物件の所在地を入力します。

物件の登録2　仕訳画面

○仕訳画面

仕訳画面では、その物件の主たる収入科目と、未収賃貸料科目を設定します。また、部門の指定と賃貸料や礼金などの勘定科目も設定しておきます。

礼金等の勘定科目が無い場合は初期グループ／基本サブグループの勘定科目の設定で売上グループの中に勘定科目を作成しておきます。

○保証金敷金画面

保証金敷金画面では、保証金敷金の勘定科目や、入金・返金の時の勘定科目も設定しておきます。

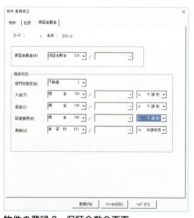

物件の登録3　保証金敷金画面

物件管理　一覧画面

物件のみが登録された不動産管理画面（賃借人の登録が選択できるようになります）

賃借人の登録

賃貸

仕訳

保証金

⑦ 賃借人の登録

　資産台帳グループ（日常グループ、初期グループでも選択できます）の不動産収入管理を選択した場合に表示される物件・賃借人一覧の《不動産収入管理》画面で【賃借人（F6）】ボタンを押すと、賃借人一覧の《貸借人管理》画面が表示されます。新規に賃借人を登録する場合は、【新規（F3）】ボタンを押します。《賃借人登録修正》画面が開きます。賃借人登録修正画面は、賃貸、仕訳、保証金敷金の3枚の画面から構成されています。

　仕訳と保証金敷金は、物件ですでに登録されているので、その物件の内訳が表示されます。その賃借人に限って物件で登録した設定と違った部分がある時は違った項目にチェックを入れて訂正します。

○賃貸画面

　賃借人の氏名などを入力します。物件を選択すると、賃貸料月額や保証金敷金などの入力画面に入力が行えるようになります。管理開始日は賃借を始めた日付を入力します。

○仕訳画面

　仕訳の時に使用する、勘定科目を設定します。例えば、物件で収入科目が現金として登録してある場合、賃借人すべてが現金であれば、チェックボックスにチェックを入れる必要はありません。その物件の収入の時につねに、物件で設定した勘定科目が表示されます。
　　一方、同じ物件でも賃借人によって預金に入金したり、現金で入金するようであれば、チェックボックスにチェックを入れて、収入科目を指定します。未収賃貸料や、貸方科目も同様ですが、収入科目以外はほぼ、チェックボックスにチェックは入れる必要は無いでしょう。

○保証金敷金

　保証金敷金の設定画面も、仕訳画面と同様に、物件で設定した内容と異なる場合、チェックボックスにチェックを入れて、設定をしなおします。

賃借人登録一覧

不動産収入管理画面（物件、賃借人登録済み）

169

入力したい日、賃借人の金額欄をダブルクリックするかファンクションキーボタンの新規をクリック

賃貸料入金登録画面

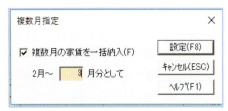

複数月の指定画面

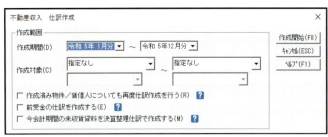

仕訳作成設定画面

仕訳結果（簡易振替伝票入力画面）

⑧ 入力の方法

　賃貸料収入があった場合、不動産管理一覧画面で、賃借人と何月分の収入かを確認し、該当する賃借人と月分の欄をダブルクリックするか【新規(F3)】をクリックします。賃貸料の入力（入金）画面が表示されます。

　入力画面で選択した月分の賃貸料が入金された年月日と金額を入力します。また、勘定科目や金額が違った場合は勘定科目などを変更します。

　家賃滞納を保証金敷金で充当する場合は、【充当】のチェックボックスにチェックを入れます。充当のドロップダウンリストが使用出来るようになるので、ここで、充当するかしないかを選択します。

　もし、複数月分の入金があった場合は、【複数月指定】ボタンを押して、表示される画面で入金月分から何月までの入金かを入力します。

　【設定】ボタンを押すと、不動産管理一覧画面で入金日と金額が表示されます。

　表示されている画面はすでに1月を過ぎているのに入力されていない（未収）ため赤字で未収と表示されています。

⑨ 入金データから入金仕訳を作成

　不動産管理一覧の画面で入金が終了したら、この数字をもとに、入金の仕訳伝票を自動的に作成することが出来ます。【仕訳(F9)】ボタンを押すと仕訳作成設定の画面が表示されます。ここで仕訳に送りたい賃借料収入期間と物件、賃借人を指定し、転送開始ボタンを押すと、仕訳が作成されます。

　前年の12月中に翌年の賃貸料が入金された場合は、翌年の月分の項目に、入金日は前年の入金日で入力しておき、仕訳の時に翌年の月分までの期間を指定し、「前受金の仕訳を作成する」にチェックを入れておくと、前受金の仕訳が作成されます。作成された仕訳には、賃借人の名前が入っています。

不動産収入内訳書、一覧表印刷設定画面

> 不動産収入管理画面の【印刷(F7)】ボタンを選択すると、収入管理の一覧表と決算書に添付する内訳書のどちらも印刷することが出来ます。

⑩ 収入の内訳書と一覧書の印刷

不動産収入管理画面メニューの印刷ボタンを押すと収入の内訳書と収入の一覧書の印刷が行えます。収入の内訳書は、作成した仕訳から作成しますので、仕訳を行っていないと作成が行えません。

また、賃借人の名前が入っていない時も、内訳書に反映されません。決算金額と内訳の合計が違っていた場合は、仕訳に賃借人の名前が入っているか、部門は正しいかを確認してください。また、収入の一覧を確認することで、未収の確認が行えます。

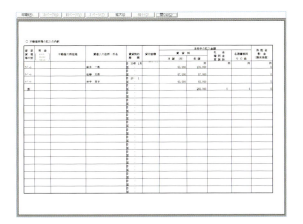

⑪ 決算書を作成

経費などは農業と同じように入力し、伝票の部門を不動産にします。一年間入力を行ってくることで、決算書が作成できます。

申告グループの青色申告書決算書印刷を選択します。表示された《青色申告決算書》画面で【対象決算書】ドロップダウンリストで不動産青色決算書を選択します。【プレビュー】ボタンでプレビューすると決算書が表示されます。

1ページ目に収入金額と経費が表示されます。2ページ目には収入の内訳が作成されます。3ページ目には減価償却資産の一覧が、4ページ目には貸借対照表が作成されます。

不動産決算書1ページ（損益計算書）

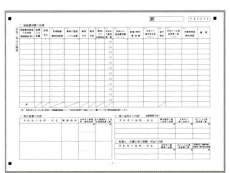
不動産決算書3ページ（減価償却資産一覧表など）

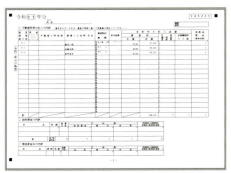
不動産決算書2ページ（収入の内訳）

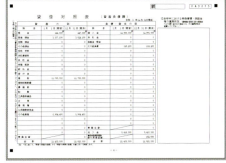
不動産決算書4ページ（貸借対照表）

本書の使い方と研修会の開催日程例

本書の使い方

　　別冊に、練習用の取引事例が掲載されています。手書きでの複式練習の場合も、パソコンでの練習の場合も本書の演習順に沿って練習を行ってください。

　　手書きで行う場合は、仕訳伝票は各自で用意をお願いします。文具店などで売られています。

　　元帳は練習用に、別冊に添付しました。仕訳伝票からこの元帳に転記をして練習してみてください。また、元帳に併せて試算表と精算表も添付しています。併せて利用してください。

　　パソコン簿記の場合は、本書に添付されて CD-ROM より体験版をインストールしてお使いください。

研修会開催日程事例

　　手書きからパソコン簿記まですべて行った場合、合計でほぼ 30 時間かかり、1 日午前・午後 3 時間ずつ研修会を開催した場合約 5 日が必要になります。手書複式簿記の場合、元帳を作成したり試算表・精算表を作成し決算書に書き込みまでを行うと、それ以上の時間が必要になるかもしれません。

　　5 日〜6 日かけて研修会を行うことが無理な場合も少なくありません。そこで、次のように日程別の研修会の予定を作成してみました。参考にしてください。

1 単位・3 時間

	3時間4回研修	3時間6回研修	3時間8回研修	3時間10回研修
1	複式の基礎	複式の基礎	複式の基礎	複式の基礎
2	パソコン簿記の基礎	手書複式の演習	手書複式の演習	手書複式の演習
3	パソコン簿記の演習	パソコン簿記の基礎	手書複式の演習	手書複式の演習
4	パソコン簿記の演習	パソコン簿記の演習	パソコン簿記の基礎	手書複式の演習
5		パソコン簿記の演習	パソコン簿記の演習	パソコン簿記の基礎
6		自分用の設定と入力	パソコン簿記の演習	パソコン簿記の演習
7			自分用の設定と入力	パソコン簿記の演習
8			自分用の設定と入力	パソコン簿記の演習
9				自分用の設定と入力
10				自分用の設定と入力
備考		手書き複式は現金の入出金程度にし、元帳を作成します。また、パソコン簿記演習の中で、解説します。	手書き複式伝票では、事業主貸し借り程度まで行い、元帳を作成し、試算表も作成します。	自分用の設定と入力を十分に行って、研修後も続けられるようにします。

入力用ローマ字表

あ	い	う	え	お					
A	I	U	E	O					
か	き	く	け	こ	きゃ	きぃ	きゅ	きぇ	きょ
KA	KI	KU	KE	KO	KYA	KYI	KYU	KYE	KYO
さ	し	す	せ	そ	しゃ	しぃ	しゅ	しぇ	しょ
SA	SI(SHI)	SU	SE	SO	SYA	SYI	SYU	SYE	SYO
た	ち	つ	て	と	ちゃ	ちぃ	ちゅ	ちぇ	ちょ
TA	TI(CHI)	TU(TSU)	TE	TO	TYA	TYI	TYU	TYE	TYO
な	に	ぬ	ね	の	にゃ	にぃ	にゅ	にぇ	にょ
NA	NI	NU	NE	NO	NYA	NYI	NYU	NYE	NYO
は	ひ	ふ	へ	ほ	ひゃ	ひぃ	ひゅ	ひぇ	ひょ
HA	HI	HU	HE	HO	HYA	HYI	HYU	HYE	HYO
					ふぁ	ふぃ		ふぇ	ふぉ
					FA	FI		FE	FO
ま	み	む	め	も	みゃ	みぃ	みゅ	みぇ	みょ
MA	MI	MU	ME	MO	MYA	MYI	MYU	MYE	MYO
や	い	ゆ	いぇ	よ					
YA	YI	YU	YE	YO					
ら	り	る	れ	ろ	りゃ	りぃ	りゅ	りぇ	りょ
RA	RI	RU	RE	RO	RYA	RYI	RYU	RYE	RYO
わ	うぃ	う	うぇ	を					
WA	WI	WU	WE	WO					
ん									
NN									
が	ぎ	ぐ	げ	ご	ぎゃ	ぎぃ	ぎゅ	ぎぇ	ぎょ
GA	GI	GU	GE	GO	GYA	GYI	GYU	GYE	GYO
ざ	じ	ず	ぜ	ぞ	じゃ	じぃ	じゅ	じぇ	じょ
ZA	ZI	ZU	ZE	ZO	ZYA	ZYE	ZYU	ZYE	ZYO
だ	ぢ	づ	で	ど	ぢゃ	ぢぃ	ぢゅ	ぢぇ	ぢょ
DA	DI	DU	DE	DO	DYA	DYI	DYU	DYE	DYO
ば	び	ぶ	べ	ぼ	びゃ	びぃ	びゅ	びぇ	びょ
BA	BI	BU	BE	BO	BYA	BYI	BYU	BYE	BYO
ぱ	ぴ	ぷ	ぺ	ぽ	ぴゃ	ぴぃ	ぴゅ	ぴぇ	ぴょ
PA	PI	PU	PE	PO	PYA	PYI	PYU	PYE	PYO

練習１　小さな『っ』の入力

いった（I｜T｜TA）　やっぱり（YA｜P｜PA｜RI）
『っ』の後にくる文字の最初のアルファベットを一つ多く入力します。

練習２　小さな『ょ』などの入力

のうきょう（NO｜U｜KYO｜U）　しゃしん（SYA｜SI｜NN）
小さな『ょ』を入力する時は、その前単語『き』のアルファベットの『k』
を入力したら『i』を入力しないで『YO』を入力します。

173

index

あ
青色申告特別控除	7
預り金	49

い
育成資産	60
インボイス制度	150

う
売上	17
売掛金	21

え
ＭＳ－ＩＭＥ	74

お
親画面	78

か
買掛金	21
家計費	58
貸方	13
家事消費高	59
借入	48
借方	13
簡易振替伝票入力	100
間接法	52

き
キーボード	72
機械装置	50
期首残高	20
基本情報	91
共済掛金	61
共通部門の設定	110
共販の精算	39

く
クリック	73

け
経費	17
決算修正	34
減価償却	52
現金	21
源泉税	49
限度残存率	52

こ
子画面	78

さ
再集計	110

し
ＣＤ－ＲＯＭ	69
事業主貸	34
事業主借	34
資産	16
試算表	28
資本	16
事務通信費	17
車両運搬具	50
終了ボタン	77
仕訳辞書	97

す
出納帳入力	104

せ
精算表	32
専従者給与	49

そ
ソフト	68
損益計算書	33

た
貸借対照表	33
ダイレクトメニュー	79
建物	16
棚卸	54
ダブルクリック	73

ち
チェックボックス	71
長期借入金	21
直接法	52

つ
ツールバー	74

て
定額法	52
定率法	52
データ選択	85
データバックアップ	86
データリストア	87
テキストボックス	71
摘要文	100

と
ドラッグ	73
取引	12
取引区分	100
ドロップダウンリスト	71

index

に
荷造運賃	39

は
ハード	68
ハードディスク	69
販売手数料	39

ひ
備考文	98
備忘価額	52

ふ
負債	16
普通預金	21
部門	92
振替伝票	19
フォルダー	70
プレビュー	110

ほ
法定残存率	52
法定耐用年数	52
補助科目	95
ボタン	71

ま
マウス	73

も
元入金	21
元帳	24

り
利息	48

column

簡易帳簿の場合	6
預金通帳を下ろした時の仕訳	13
共販手数料などの扱い	39
現金を家庭用に使った場合	41
税金のかからないお金（利息など）が通帳などに入ってきたときも「事業主借」を使います	43
売掛での売上と経費の扱い	45
買掛で家庭用に購入した場合	47
負債の発生時、負債勘定科目は常に右側（貸方）	47
車輌運搬具取得時の保険金と税金の支払い	51
減価償却の直接法と間接法	52
肉牛の場合（販売用動物）	60
一括で支払った場合と経費への計上	61
ソフトは基本ソフトと応用ソフトに分けられます	68
イニシャルキー	101
簡易振替伝票入力と出納帳入力	105
メモ機能について	108
演習を始めるために練習を削除し再集計をしてください	110
複数部門に関係する場合（部門設定時もしくは決算時に共通部門の配分を行います）	112
1枚の領収書で複数購入があった場合	113
スペースキーで前の仕訳をコピー	115
受取利息も事業主借	117
取引を分けて入力	118
買掛金の精算	121
元本と利息を分けて入力	123
新減価償却制度について（平成19年変更・平成20年変更）	126
前納で共済掛金を払っている場合	140
満期金が振込まれた場合	140
初期化ボタン	141
プリンターの設定を忘れずに	144
正確な消費税の申告書を作成するための設定	147
仕入税額控除の特例（80％経過措置）	153
用意してきてください	161

175